BIBLIOTHÈQUE

RELIGIEUSE, MORALE, LITTÉRAIRE,

POUR L'ENFANCE ET LA JEUNESSE,

PUBLIÉE AVEC APPROBATION

DE S. E. LE CARDINAL-ARCHEVÊQUE DE BORDEAUX.

BIBLIOTHÈQUE CATHOLIQUE

DES COMMUNES.

ENTRETIENS

SUR LES

BEAUTÉS DE LA NATURE

OU LA

BONTÉ DE DIEU

MANIFESTÉE DANS SES OEUVRES.

PAR A. E. DE S.

LIMOGES

MARTIAL ARDANT FRÈRES, EDITEURS,

Rue de la Terrasse.

—

1864

ENTRETIENS

SUR LES

BEAUTÉS DE LA NATURE.

❦

PREMIER ENTRETIEN.

Une cause première et toute-puissante.

> Il est un Dieu : les cèdres de la montagne
> et les herbes de la vallée le bénissent.
>
> CHATEAUBRIAND.

ELVIRE, VALÉRIE (7 ans).

ELVIRE.

CHÈRE Valérie, c'est toi sans doute qui as mis dans ces vases ces belles roses ; c'est toi qui as posé sur mon lit ce bouquet de violettes. Viens, que je t'embrasse. Merci pour tes aimables attentions.

VALÉRIE.

Il fait beau. Je t'attends pour notre promenade du matin. Bon ! te voilà prête. De quel côté allons-nous ?

ELVIRE.

Restons dans le vallon, ma chère Valérie ; quelque jour, bientôt, si mes forces me le permettent, nous monterons sur la montagne, nous verrons le soleil levant dans tout son éclat. Ta jeune âme, j'en ai l'assurance, sera émue à ce spectacle. Mais, puisque je suis si faible aujourd'hui, puisque le ciel a voulu que, jeune encore, je languisse pâle et débile ainsi que le vieillard chargé d'ans, et qu'au lieu de gravir les rochers comme l'agile chevreuil je ne puisse que me traîner dans l'étroit vallon comme l'insecte au corsage d'azur qui glisse dans l'herbe à nos pieds, viens, ralentis ta marche folâtre, suivons ensemble les bords du ruisseau. Regarde ! on dirait un long ruban d'argent; vois sur ses deux rives mousseuses combien de milliers de violettes ! Un peu plus loin, dans le gazon, vois ces gentilles marguerites, ces narcisses à la tige si frêle, à la tête si doucement penchée, au parfum si suave... Oh ! ce vallon est frais et charmant !

VALÉRIE.

C'est vrai, il est bien joli ce matin. Je veux faire des bouquets de violettes et des guirlandes de bluets pour orner notre chapelle.

ELVIRE.

Valérie, cent fois tu as vu ces belles fleurs, tu t'es amusée à les cueillir, tu as pris plaisir à les tresser. As-tu jamais pensé à remercier celui à qui tu les dois?

VALÉRIE.

Eh non, vraiment ! je ne les dois à personne: ce sont des fleurs sauvages qui naissent toutes seules.

ELVIRE.

Tu as sept ans bientôt : tu dois te souvenir d'avoir vu l'année passée les coteaux riants, la vigne en bourgeons, et les arbres en fleur comme ils le sont aujourd'hui. Tu te rappelles sans doute qu'aux fleurs ont succédé les fruits délicieux, les pêches, les amandes, les raisins que tu aimes tant. As-tu jamais dit en toi-même : Qui m'a donné ces fruits?

VALÉRIE.

Ah! pour cela, je le sais : c'est papa qui a cultivé la vigne; c'est lui qui a planté les arbres, qui les a greffés, qui les a soignés ; c'est papa qui m'a donné ces bonnes amandes, ces bonnes pêches, ces bons raisins que j'ai mangés l'an passé. C'est lui aussi qui nous donne ces bonnes fraises dont nous nous régalons chaque matin ; il les a semées, et je lui ai aidé, moi.

ELVIRE.

Tu lui as aidé? Eh bien! chère enfant, dis-moi comment on s'y prend pour semer des fraises.

VALÉRIE.

Je te le dirai bien. On commence... c'est que... je le sais pourtant, mais pour le dire, c'est difficile.

ELVIRE.

Un peu d'effort, ma Valérie ; j'ai bien envie de le savoir.

VALÉRIE.

Bah! tu le sais mieux que moi, j'en suis sûre ; mais tu veux m'apprendre à parler clairement, ou quelque chose de plus important encore. Eh bien! bonne cousine, je vais tâcher de te le dire. D'abord, pour semer des fraises, il faut avoir des graines : elles sont rouges, ces graines, et toutes petites, toutes petites. On les retire du fruit : ce n'est pas aisé, car elles tiennent très fort. Pour en venir à bout, on met le fruit dans l'eau, on l'écrase, on le pétrit longtemps, et le pepin finit par se détacher et tomber au fond de l'eau. Alors on prend une caisse ou un vase rempli de terre très fine passée au tamis : on répand là-dessus la graine, et puis on la recouvre. On a soin d'arroser de temps en temps, doucement : au bout de vingt-cinq ou trente jours, les petits fraisiers commencent à paraître à travers la mousse. On les ôte aussitôt pour les planter en pépinière, et puis ont les met en planche ou en bordure.

ELVIRE.

Bien, mon cœur, tu m'as fait parfaitement comprendre ces diverses opérations ; mais, dis-moi, ces petites graines rouges que tu as vu semer, d'où venaient-elles ?

VALÉRIE.

Eh ! des fraises.

ELVIRE.

Et ces fraises avaient été produites par...

VALÉRIE.

Laisse-moi dire ! laisse-moi dire ! Ces fraises-là avaient été produites par d'autres fraises, et celles-ci par d'autes encore, et toujours comme cela, jusqu'à la première fraise qui est venue sur la terre : et c'est la même chose pour tous les autres fruits.

ELVIRE.

Et les premiers fruits, les premiers arbres, qui les a mis sur la terre ?

VALÉRIE.

Ah ! je ne sais pas vraiment ; jamais je n'ai pensé à cela.

ELVIRE.

Tu veux le savoir ?

VALÉRIE.

Oui, oui ! dis-le moi, dis-le moi !

ELVIRE.

De tout mon cœur. Apporte ici tes bluets, assieds-toi près de moi : bien ! Commence ta guirlande tandis que je te raconterai cette histoire. Ecoute, ma chère enfant : Les montagnes, les forêts, les mers, les rivières, le monde enfin tel que nous le voyons, n'a pas toujours existé, et il ne s'est pas fait seul. Regarde cette maison blanche qui est là sur le coteau, elle n'y était pas l'année passée ; comment s'y trouve-t-elle aujourd'hui ?

VALÉRIE.

Parce que M. Bertrand l'a fait faire : je l'ai vu bâtir par des maçons. Ils ont mis beaucoup de pierres l'une sur l'autre, ils les ont liées avec du mortier, et ils en ont fait cette maison. Mais si ce sont aussi des ouvriers qui ont *construit* le monde, il fallait que ces ouvriers-là fussent bien forts pour porter les grands rochers et les gros arbres.

ELVIRE.

Pauvre enfant ! et quel géant aurait placé sur leurs bases les montagnes dont le sommet se perd dans les nues ? Quel géant eût pu creuser les lits des fleuves et les immenses bassins des mers, lancer dans l'espace la terre elle-même, et ces milliers d'étoiles dont chacune est bien plus grande que la terre, et ce soleil qui est encore infiniment plus grand ?

VALÉRIE.

Mais qui donc a fait tout cela ?

1 .

ELVIRE.

Le bon Dieu ; ne te l'a-t-on jamais dit ?

VALÉRIE.

Si, on me l'a dit, et je l'ai lu aussi dans mon caté-
chisme ; mais je n'y avais pas fait attention.

ELVIRE.

Et si je te le redis... aujourd'hui ?

VALÉRIE.

Oh ! si tu veux me le redire, je ne l'oublierai plus,
je te le promets. J'ai trop d'envie de l'entendre. Je vais
t'écouter bien attentivemont.

ELVIRE.

Tu auras raison. Ce sont des choses qu'il est important de savoir. Le monde, les hommes, les anges
eux-mêmes, ont été créés, c'est-à-dire qu'ils ont été
faits. Il fallait donc que l'*Etre* qui les a faits existât
avant eux. Cet Etre, c'est le bon Dieu. Le bon Dieu a
toujours été. Il *est*, ou il *existe*, par-lui-même. Toute
existence vient de lui et lui appartient : c'est ce qu'on
veut faire entendre en l'appelant l'*Etre-Suprême*. On
le nomme aussi l'*Eternel*, ce qui signifie qu'il n'a pas
eu de commencement et qu'il n'aura point de fin.
Dans une langue que lui-même a enseignée aux premiers hommes, Dieu est appelé Jéhovah, et ce mot
exprime qu'il est, qu'il fut, et qu'il sera à jamais ; que,
seul, il *est* véritablement, c'est-à-dire *essentiellement*.
En effet, nous autres mortels et toutes les créatures,
nous *n'existons* que parce que Dieu nous a prêté une
petite parcelle d'existence qui est toujours à lui, puis-
qu'il peut la reprendre à son gré.

Et cependant le Dieu vivant, en nous tirant du

néant, nous a accordé un grand bienfait, et nous lui devons une immense reconnaissance. Il nous a faits capables de l'aimer, d'adorer ses perfections infinies, de nous élever vers lui par la prière, de nous rendre agréables à ses yeux en pratiquant la vertu. Sa munificence nous a entourés de merveilles, et sa bonté nous a destinés à une éternité de bonheur. Que nous serions coupables si nous poussions l'indifférence jusqu'à négliger d'apprendre ce que Dieu a fait pour nous, l'ingratitude jusqu'à oublier de le remercier de ses dons !

Avant donc que le temps, c'est-à-dire la succession des jours, existât, Dieu *était*, et il était comme il sera toujours, infiniment puissant, infiniment sage, infiniment heureux. Déjà il avait créé les anges, pures et saintes intelligences qui l'aiment et le glorifient à jamais. Mais l'Éternel voulut appeler à la vie une autre espèce d'êtres moins parfaits que les anges et moins heureux, et pourtant doués d'excellentes et sublimes qualités, et promis à une très haute et très magnifique destinée. Ces créatures, ce sont les hommes. Or, avant de tirer du néant la race humaine, Dieu voulut lui préparer une spacieuse et splendide demeure ; il fit l'univers.

Et tout ce qui compose ce grand univers, Dieu l'a fait par sa seule volonté, par sa seule parole.

A la place de tout ce que nous voyons, il n'y avait que le néant, la confusion et une profonde obscurité.

Dieu fit d'abord la terre, qui n'était qu'une masse *informe et vide*, et couverte d'épaisses ténèbres. Alors Dieu dit : Que la lumière soit ! et soudain cette *chose* sans laquelle rien ne serait pour nous dans la nature, puisque rien n'aurait ni forme, ni couleur, ni beauté, cette *chose* admirable que nous appelons la lumière, *fut*. Dieu la vit, et dit que la lumière était une *bonne chose*. Les esprits célestes l'admirèrent et glorifièrent Jéhovah. Alors Dieu donna aux ténèbres le nom de *nuit*, et à la lumière le nom de *jour*. Ainsi la terre, la lumière et le premier jour furent créés en même temps.

Le second jour, Dieu fit le firmament, qu'il appela *ciel*.

Le troisième, il sépara la terre d'avec les eaux qui l'inondaient, et la terre devenue *sèche*, c'est-à-dire *sol ferme*, se couvrit d'herbes, de plantes, de mille végétaux divers.

Ensuite le Seigneur créa, pour présider au jour et à la nuit, deux grands luminaires, que sa main divine lança dans l'espace en leur traçant la route qu'ils avaient à suivre durant les siècles. Il suspendit aux voûtes des cieux des miliers d'astres qui brillèrent sur le front de la nuit, et répandirent sur la terre naissante leur bénigne clarté. Et le Verbe créateur vit que tout ce qu'il avait fait était bien. Et il appela l'époque de la création des astres le *quatrième jour*.

Au cinquième, le souffle de Dieu flotta sur les airs, l'esprit de vie *se mut* à la face et dans les profondeurs de l'abîme, et les mers et les airs se peuplèrent de poissons et d'oiseaux. Et à toutes *ces choses* qui nageaient dans les eaux et qui volaient dans les cieux, la parole éternelle donna des *âmes vivantes*.

Au sixième jour, la terre, belle, fertilisée, parée de sa brillante et riche végétation, entourée de ses nuées fécondatrices, que la sainte Ecriture appelle les étonnantes eaux supérieures; la terre, séjour délicieux, reçut à son tour pour babitants des *âmes vivantes*. A sa surface, dans ses entrailles, bondirent des quadrupèdes, se murent des reptiles, s'agitèrent des myriades d'insectes, d'animaux divers. — Enfin, Dieu, pour couronner son œuvre, voulut donner un roi à tous ces peuples innombrables qui vivaient dans l'eau, sur la terre et dans les airs : il fit l'homme. *Adam,* ou le limon que ses mains immortelles avaient façonné, s'anima sous son souffle divin. Dans cette figure, la plus belle et la plus noble de la création, il mit une âme raisonnable, une étincelle de son infinie intelligence, un reflet de lui-même : *Il fit l'homme à son image et à sa ressemblance.*

Valérie avait écouté sa cousine avec beaucoup d'attention : la guirlande de bluets était demeurée inachevée dans ses petites mains. Quand Elvire eut cessé de parler : « Voilà une jolie histoire, » dit l'enfant.

ELVIRE.

L'as-tu bien comprise, ma chérie ?

VALÉRIE.

Oh ! oui, je t'assure. Que de choses le bon Dieu a fait pour nous! Je remercie bien le bon Dieu.

ELVIRE.

Tu le remercierais, tu l'aimerais encore davantage, si tu connaissais mieux ses ouvrages.

VALÉRIE.

Hé bien! fais-moi connaître tous les ouvrages du bon Dieu.

ELVIRE.

C'est impossible. Les œuvres de Dieu sont immenses et sans nombre. La vie et l'intelligence humaines ne suffiraient pas. Mais, si tu le désires, nous essaierons de jeter les yeux sur ce grand et admirable livre, d'en épeler quelques lignes, quelques mots... me comprends-tu, Valérie?

VALÉRIE.

Oui, je te comprends très bien. Tu veux dire qu'une fois tu me parleras du soleil, qui est un des ouvrages de Dieu ; une autre fois, des bois, et une autre fois, d'autre chose.

ELVIRE.

C'est à peu près cela. Hé bien! mon amie, nous commencerons demain matin, en faisant notre promenade accoutumée.

VALÉRIE.

Bon! je suis bien contente! Je vais dire dire à Sophie de nous éveiller à quatre heures.

DEUXIÈME ENTRETIEN.

Configuration de la terre.

Il était à peine jour lorsque la petite Valérie s'éveilla, fraîche comme un bouton de rose, gaie comme une jeune fauvette. La gentille enfant, se rappelant la promesse d'Elvire, s'empressa d'aller l'embrasser, manière aimable de faire cesser son sommeil.

Les deux amies s'étant habillées à la hâte, sortirent et dirigèrent leur promenade vers un sentier ombragé par un double rang de coudriers, auxquels, d'espace en espace, se mêlaient des arbustes odorants et des fleurs éclatantes. Le chèvrefeuille rampant et le jasmin à l'enivrant parfum, diverses espèces de clématites, des touffes d'aubépine et de rosiers sauvages, enlaçaient leurs branches épineuses et leurs tiges flexibles, confondaient leurs blancs festons, leurs bouquets d'un rose mourant, leurs cloches pendantes et embaumées. L'air, quoique un peu vaporeux, était suave et délicieux à respirer : il était tout chargé de senteurs et de mélodies.

L'étroit chemin, tournant presque en spirale, conduisait par une pente assez douce au sommet d'une colline verte et boisée. Là s'élevait une chapelle dont les murs blancs, le toit grisâtre et le clocher bizarrement peint en bleu, s'apercevaient de loin à travers le feuillage des chênes qui entouraient le saint monument et le couvraient d'un frais et mobile réseau.

Ce modeste édifice est consacré à *Notre-Dame des Pampres-Verts*. Bien souvent le cultivateur y vient prier, épouvanté parce qu'il a vu se lever sur le coteau voisin un nuage lourd et jaunâtre, à l'aspect *laineux*, si l'on peut ainsi parler, à la marche saccadée, aux bords d'un rouge terne, un de ces nuages sinistres enfin qui portent dans leurs flancs la grêle, terreur de ces contrées, fléau qui fréquemment enlève en peu d'instants le fruit des labeurs d'une année, et qui semble quelquefois, intelligent du mal qu'il fait, laisser à plaisir mûrir la grappe pour n'en dépouiller les coteaux qu'au moment où le villageois s'apprête à la cueillir. Oh ! qu'alors celui-ci éprouve une amère déception ! Avec quelle morne tristesse il parcourt ses vignobles dévastés ? Au lieu des joyeuses vendanges qu'on allait commencer, au lieu d'une année d'aisance et de bonheur qu'on se promettait, rien qu'une année de misère, de cruelles privations, de sueurs sans aucune joie, de souffrances sans aucun soulagement !

Aussi, dès qu'un de ces funestes nuages se montre sur l'horizon restreint, mais d'un si beau bleu, de nos pittoresques campagnes, on court implorer la sainte patronne de ces hameaux. On la conjure d'éloigner le fléau. Et souvent, bien souvent, il passe, le noir nuage. Il franchit sans s'arrêter et la vallée rétrécie et la double chaîne de coteaux qui l'enserrent : les grêlons dévastateurs vont désoler une autre contrée. Les villageois reconnaissants honorent d'un culte pieux leur miséricordieuse protectrice. Plusieurs jours de l'année lui sont spécialement consacrés. Le premier dimancho de septembre, la chapelle, dès l'aurore, est ornée de pampres et de fleurs. Les vignerons, précédés d'une bannière, s'y rendent processionnellement en répétant le refrain d'un vieux cantique, et portent avec une pompe champêtre la première grappe mûre, offrande modeste qu'on dépose au pied de la Vierge de marbre noir, qui, dit-on, exprime ordinairement par un signe de tête qu'elle sera favorable aux vœux des bons villageois, et qu'elle accepte les prémices de leur récolte.

Dans le sentier que nous venons de décrire marchaient silencieusement les deux amies. Elvire avançait à pas lents, et la jeune Valérie courait gaîment devant elle ; mais la douce enfant ne tarda pas à se rapprocher de sa compagne.

VALÉRIE.

Pauvre Elvire, tu ne peux pas courir vite comme moi. Appuie-toi sur mon épaule, appuie-toi bien fort ! Donne-moi ton album, ton livre, ton ombrelle, que je te porte tout cela. Allons bien doucement, et maintenant parle-moi un peu, je t'en prie, des ouvrages du bon Dieu.

ELVIRE.

Je t'ai dit que Dieu créa la terre, le globe que nous habitons.

VALÉRIE.

Le globe que nous habitons? Qu'est-ce qu'un globe?

ELVIRE.

Un globe est un corps arrondi, une boule.

Oui, mon amie, quelque étonnant que cela puisse te paraître, la terre est ce qu'on appelle un sphéroïde, c'est-à-dire qu'elle est de forme presque ronde.

VALÉRIE.

Cela ne se peut pas : si la terre était ronde, il n'y aurait ni des montagnes, ni des vallons, ni des gouffres comme celui où le pauvre Pierre, notre voisin, s'est noyé l'autre jour avec ses bœufs et sa charrette, qu'on n'a jamais pu en retirer, tant est profond ce creux de la rivière.

ELVIRE.

Regarde cette orange, Valérie; elle passe pour ronde, n'est-ce pas? Cependant tu vois que l'écorce en est couverte d'aspérités ; mais elles sont trop petites pour changer la figure générale de ce beau fruit. De même les élévations et les profondeurs qui se trouvent à la surface de la terre sont trop peu considérables pour altérer sensiblement la configuration générale de cette planète.

VALÉRIE.

Mais elles sont très grandes, les montagnes. Tiens ! vois le vallon là-bas, comme il est loin ! et nous ne sommes pourtant qu'à moitié chemin de la chapelle.

ELVIRE.

Il y a des montagnes bien autrement grandes, comme tu dis, que celle-ci. Les Pyrénées, par exemple, qui séparent la France de l'Espagne, ont dans leurs points les plus élevés dix mille trois cent trente-deux pieds au-dessus du niveau de la mer, c'est-à-dire vingt fois la hauteur de cette éminence que nous gravissons, et qui ne mérite que le nom de colline. Les Alpes, entre la France, l'Allemagne et l'Italie, surpassent encore les Pyrénées. Le pic le plus élevé des Alpes, appelé le mont Rosa, a quatorze mille trois cent quatre-vingts pieds de hauteur.

VALÉRIE.

Le mont Saint-Gothard, que tu m'as fait voir l'autre jour dans un grand tableau, n'est-il pas aussi dans les Alpes ?

ELVIRE.

Oui ; il est même le point central de ces montagnes, mais il n'en est pas à beaucoup près le plus élevé, quoique sa hauteur passe six mille pieds ; car, sans compter le mont Rosa, on remarque dans cette chaîne le *Finster aarhorn*, haut de treize mille deux cent quatre pieds ; la *Jungfrau*, qui en a plus de douze mille ; le *Stroehorn*, à peu près de la même hauteur que le précédent ; les monts de Glanirsh et de Stella, dont le premier a huit mille neuf cents pieds, et le second sept mille quatre cent quatre vingt-deux, et beaucoup d'autres points d'une prodigieuse élévation. Il existe des montagnes plus considérables encore. Les plus hautes du monde entier, de même que les plus grands fleuves, sont dans l'Amérique méridionale. Là s'étend la chaîne gigantesque des Andes ou Cordilières, qui dans quelques endroits ont dix-huit mille pieds d'élévation. Quant aux abîmes de la mer, il y en a, assure-t-on, qui ont jusqu'à une lieue de profondeur ; mais ces dimensions extraordinaires sont encore peu de chose comparées à celle du globe.

VALÉRIE.

Eh! bon Dieu! comment donc est-il *gros* ce globe?

ELVIRE.

Les Chaldéens (c'est le nom d'un peuple fort ancien, et qui le premier a observé les astres et les planètes), les Chaldéens disaient qu'un homme qui voyagerait sans s'arrêter, en faisant une lieue à l'heure, mettrait un an à faire le tour de la terre. En effet, elle a de circonférence neuf mille lieues, et dans une année il y a pareil nombre d'heures. Les plus grandes inégalités de la surface de notre globe sont neuf mille fois plus petites que lui. Maintenant, mon amie, considère ton orange : elle a de tour environ quatre pouces ou cinquante lignes ; eh bien ! la plus grande des inégalités que je remarque sur son écorce a au moins une ligne, et par conséquent n'est que cinquante fois plus petite que l'orange elle-même. Tu comprends que la montagne la plus haute de la terre ou le gouffre le plus profond de l'Océan doit paraître beaucoup moins sur le globe que cette légère rugosité sur ce fruit.

VALÉRIE.

A la bonne heure ! j'entends bien cela ; mais je trouve tout drôle que la terre soit une grosse boule.

ELVIRE.

Je t'ai dit qu'elle était *presque ronde* : elle est légèrement aplatie à deux de ses côtés opposés entre eux, et qu'on appelle les deux pôles ; mais cet aplatissement, quoiqu'il forme la trois cent trente-quatrième partie du globe terrestre, en altère très peu la figure.

VALÉRIE.

Tu as appelé la terre une planète, je crois : que signifie ce mot planète ?

ELVIRE.

Il signifie errante ; et je te dirai, dans un autre entretien, pourquoi on appelle de ce nom la terre, la lune et beaucoup d'autres corps célestes.

VALÉRIE.

Je te ferai souvenir de cette promesse. Ah ! nous voilà enfin au bout de la côte : il était temps !

ELVIRE.

Asseyons-nous un moment avant d'entrer dans l'église. Voyons ce que tu as dans ton panier : déjeune et repose-toi.

VALÉRIE, *essuyant son front*.

Vraiment cette côte est un peu raide. Pourquoi donc le bon Dieu a-t-il fait des montagnes ? Si la terre était tout unie, on ne se fatiguerait pas ainsi à monter et à descendre.

ELVIRE.

Voilà une parole bien hardie et bien inconsidérée, ma chère amie : tout ce que le bon Dieu a fait est bien. Critiquer ses ouvrages est une témérité insensée et coupable. Les inégalités de la surface de la terre en font les plus grands ornements, les plus admirables beautés. Rien égale-t-il la majesté de ces monts à la cime de glace, qui semblent, comme de magnifiques colonnes, soutenir la voûte azurée? Le firmament, brillant d'étoiles, se déploie sur leurs sommets de cristal ainsi qu'un éclatant pavillon ; les arbres les plus beaux, le chêne au front superbe, le pin à l'éternelle verdure, le cèdre au religieux feuillage, les entourent comme d'un riche chapiteau. Leur front de neige, tantôt frappé des feux du soleil, offre les eaux étincelants de l'opale et du diamant, tantôt se couvrant d'un voile d'épaisses vapeurs, il se dérobe à nos regards, qui le cherchent en vain dans les nuages. De là s'élancent impétueux ces fleuves, ces rivières, qui portent dans les campagnes la fraîcheur et la fertilité. Sans les montagnes y aurait-il des vallons? Verrait-on dans une terre unie cette immense variété de plantes, d'herbes et de fleurs? Les unes ne se plaisent qu'aux bords des ruiseaux, dans les gorges les plus enfoncées ; les autres aiment à montrer leur tête gracieuse dans les plus froides régions, sur les écueils et les roches inaccessibles. A celles-ci il faut les tièdes haleines des zéphyrs ; à celles-là, les rudes caresses de l'aquilon.

VALÉRIE.

Allons ! je faisais tout-à-l'heure comme l'homme de la fable que papa m'a apprise hier.

ELVIRE.

Veux-tu, mon amie, me réciter cette fable ?

VALÉRIE.

De tout mon cœur ! La voici :

LE GLAND ET LA CITROUILLE.

FABLE (*).

Dieu fit bien ce qu'il fit. Sans chercher la preuve
En tout cet univers et l'aller parcourant,
    Dans les citrouilles je la trouve.

    Un villageois considérant
Combien ce fruit est gros à sa tige menue :
A quoi pensait, dit-il, l'auteur de tout cela ?
Il a bien mal placé cette citrouille-là ;
    Eh ! parbleu ! je l'aurais pendue
    A l'un des chênes que voilà.
    C'eût été justement l'affaire :
    Tel fruit, tel arbre, pour bien faire.
C'est dommage, Garo, que tu n'aies point entré
Au conseil de celui que prêche ton curé !
Tout en eût été mieux : car pourquoi, par exemple,
Le gland, qui n'est pas gros comme mon petit doigt,
    Ne pend-il pas en cet endroit?
    Dieu s'est mépris. Plus je contemple
Ces fruits ainsi placés, plus il semble à Garo
    Que l'on a fait un quiproquo.
Cette réflexion embarrassant notre homme,
On ne dort pas, dit-il, quand on a tant d'esprit.
Sous un chêne aussitôt il va prendre son somme.
Un gland tombe. Le nez du dormeur en pâtit.
Il s'éveille, et portant la main à son visage,
Y trouve encor le gland pris au poil du menton.
Son nez meurtri le force à changer de langage.
Oh ! oh ! dit-il, je saigne ; et que serait-ce donc
S'il fût tombé de l'arbre une masse plus lourde,
    Et que ce gland eût été gourde ?
Dieu ne l'a pas voulu : sans doute il eut raison.
    J'en vois bien à présent la cause.
    En louant Dieu de toute chose,
    Garo retourne à la maison.

(*) La Fontaine, liv. IV.

ELVIRE.

Elle est bien jolie, cette fable, et tu la dis on ne peut mieux.

VALÉRIE.

Papa me l'a fait d'abord comprendre, puis il m'a appris à la bien dire. J'étais tantôt aussi sotte que M. Garo. Il eût été bien attrapé si le bon Dieu eût fait croître des citrouilles sur le chêne; je le serais tout autant s'il faisait disparaître ces montagnes qui nous offrent de si jolis points de vue, qui abritent les vallons, et donnent naissance à ces belles eaux qui rendent le nôtre si frais et si agréable.

ELVIRE.

Je n'ai rien à ajouter, ma chère, à la leçon que tu te donnes à toi-même. Continue à profiter des utiles enseignements que renferment toujours les fables ou les petites pièces de vers dont ton papa prend plaisir à meubler ta mémoire. C'est surtout pour nous rendre bons et sages que nous devons chercher à nous instruire.

Ce que je t'ai dit sur les montagnes et les avantages infinis qui résultent pour nous de leur existence, est bien peu de chose auprès de ce que j'aurais à te dire encore. Mais on sonne l'*Angelus*. Entrons dans la chapelle, nous reprendrons un peu plus tard cette conversation.

VALÉRIE.

Oui, allons prier Dieu! Je veux le prier pour ma bonne Elvire, qui me procure tant de plaisir en me parlant de lui et de ses œuvres.

TROISIÈME ENTRETIEN.

(Suite du précédent.)

Du déluge, des volcans.

ELVIRE.

Un homme illustre (Buffon), un ami de la nature, qui a passé sa vie à l'étudier et à en écrire l'histoire, dit, en parlant du sujet qui nous occupait tout-à-l'heure : « Les inégalités qui sont à la surface de la » terre, et qu'on pourrait regarder comme une imper- » fection à la figure du globe, sont en même temps » une disposition favorable et qui était nécessaire pour » conserver la végétation et la vie sur le globe terres- » tre. Il ne faut, pour s'en assurer, que se prêter un

2

» instant à concevoir ce que serait la terre si elle était
» égale et régulière à sa surface.

. . . .

» Une triste mer couvrirait le globe entier, et il ne reste-
» rait à la terre, de tous ses attributs, que celui d'être
» une planète obscure, abandonnée, et destinée tout
» au plus à l'habitation des poissons. »

(Théorie de la Terre, Hist. nat., T. II.)

Tel était peut-être en effet l'état de ce globe au *premier jour de la création*, alors que d'épaisses ténèbres le couvraient, et qu'il n'était qu'une masse *informe et vide* (1) ; mais alors la terre n'avait à nourrir ni animaux ni végétaux. On peut croire que, au *troisième jour*, lorsque Dieu, d'une parole, sépara les eaux d'avec l'*aride* ou la terre, et qu'il ordonna à celle-ci de produire des herbes et des plantes ; quand les eaux, à la voix du Créateur, se précipitèrent obéissantes dans le vaste lit qu'il leur avait creusé, et que les deux hémisphères se montrèrent comme deux grandes îles sur la double face du globe, on peut croire que dès ce moment la terre présenta des élévations et des dépressions semblables à celles que nous voyons aujourd'hui, et que nous nommons montagnes et vallons. Sans ces inégalités le globe n'aurait pas été propre à la production et à la conservation de la plupart des êtres que Dieu voulut y placer. Le sol que les eaux laissèrent à nu ressemblait probablement à celui qu'elles continuèrent à couvrir, et l'on sait que le fond de la mer est hérissé d'écueils, percé de gouf-

_____

(1) Expressions de la Genèse.

fres, en un mot couvert d'aspérités comme la surface de la terre. Ce qui prouve encore qu'il devait y avoir des montagnes dans un temps fort rapproché de celui de la création *du monde que nous habitons,* c'est que l'Ecriture sainte nous dit que le Paradis terrestre (séjour délicieux où Dieu mit Adam, le premier homme, et Eve, la première femme) était arrosé par plusieurs grands fleuves : ces fleuves devaient avoir leurs sources dans des montagnes.

VALÉRIE.

Les fleuves coulent donc des montagnes?

ELVIRE.

Oui, les montagnes ont la propriété d'arrêter les vapeurs qui s'élèvent de la mer. Réunies dans ces lieux élevés, les vapeurs y forment des lacs ou des glaciers, selon la température qui y règne. Ces sortes de réservoirs donnent naissance à des ruisseaux qui, en se joignant, forment des rivières et des fleuves. Tu sais la différence qu'il y a entre...

VALÉRIE.

Tu me l'as dit plusieurs fois. Les rivières se déchargent dans les fleuves, et les fleuves vont, sans perdre leur nom, jusqu'à la mer, ou plutôt jusqu'à *une mer;* car il me paraît qu'il y en a un grand nombre. Tu m'as dit, par exemple, que la Seine se jette dans la *mer de la Manche,* que la Loire se jette dans l'*Océan,* le Rhône dans la *Méditerranée :* tu m'as nommé encore beaucoup d'autres mers.

ELVIRE.

Il est vrai. Cependant, à parler aver exactitude, il n'y a qu'une seule grande mer, qui entoure le globe, et dans laquelle les continents sont situés ; mais on en distingue les diverses parties par des noms différents. Autour du pôle du nord, elle prend celui de *mer Glaciale* ; entre l'Europe et l'Afrique, d'un côté, et l'Amérique, de l'autre, celui d'*océan Atlantique* ; on appelle *mer Pacifique* la partie qui est entre l'Asie et l'Amérique, et *mer des Indes* celle qui est au midi de l'Asie : voilà les quatre principales mers. Il y en a de plus petites, dont je t'apprendrai les noms un peu plus tard. Mais, comme je viens de te le dire, toutes ces mers ne sont que les diverses parties d'une seule, qui, sous différents noms, couvre plus de la moitié du globe.

VALÉRIE.

Mais si tous les fleuves versent leurs eaux dans cette mer, elle doit grossir à chaque instant. Il me semble qu'à la fin il faudra qu'elle sorte de son lit et inonde la terre.

ELVIRE.

Cela arriverait sans doute si la mer, par diverses causes, ne perdait continuellement une partie de ses eaux. Une certaine quantité, par exemple, s'évapore et forme des nuages. Ces nuages, attirés, comme nous l'avons vu, par les montagnes, s'y réduisent en eaux ou s'y condensent en glaces, et...

VALÉRIE.

Ah ! je comprends : les eaux de la mer s'en vont aux montagnes, et les eaux des montagnes s'en retournent à la mer. Mais, Elvire, tu me dis maintenant que les montagnes sont si vieilles, et l'autre jour tu m'en as fait remarquer une toute noire, en me disant qu'elle n'existait que depuis peu d'années.

ELVIRE.

Il y en a de diverses dates. Les unes existent de temps immémorial ; d'autres se sont formées en différents temps et par différentes causes. La terre, depuis que Dieu l'a donnée pour habitation au genre humain, a été travaillée par beaucoup d'événements : le plus important fut le déluge, qui arriva environ quinze cents ans après la création de l'homme.

VALÉRIE.

Qu'est-ce donc que le déluge ?

ELVIRE.

Une grande inondation.

VALÉRIE.

Toute la terre fut-elle inondée ?

ELVIRE.

Oui, mon enfant. Tu dois avoir lu dans la Bible le récit de ce terrible événement. Mais peut-être n'as-tu pas fait cette lecture avec attention, et l'as-tu oubliée.

VALÉRIE.

Elvire, dis-moi cette histoire-là, je t'en prie : j'oublie souvent ce qu'on me fait lire, mais jamais ce que tu me racontes.

ELVIRE.

Les hommes, que Dieu avait créés bons et heureux, devinrent méchants, si méchants, que Dieu voulut les punir d'une manière terrible. Voici comment la sainte Ecriture parle de ce grand acte de jus-

2..

lice du Créateur, irrité par l'ingratitude de ses créatures.

L'an du monde 1536, à peine Adam était-il mort, que la malice de ses enfants était déjà portée à un tel excès que Dieu ne la pouvait plus souffrir. *Il vit avec une douleur profonde que les hommes ne pensaient qu'au mal, et, ne reconnaissant plus en eux aucune trace de son ouvrage, il se repentit de les avoir créés.* Mais parmi tant de criminels il se trouva un juste. Noé trouva grâce devant Dieu. A cause de lui, le genre humain ne fut pas anéanti sans retour. Le Seigneur déclara donc à ce juste qu'il avait résolu de punir la terre par un déluge universel ; mais que lui, Noé, s'étant séparé des autres hommes alors qu'ils faisaient le mal devant le Seigneur, en serait également séparé au moment où ces pervers recevraient le châtiment de leurs crimes. Il lui ordonna en conséquence de construire une arche ou grand vaisseau carré, et lui marqua exactement la forme, les proportions qu'elle devait avoir. Noé fit ce que le Seigneur lui ordonnait. Il travailla cent ans entiers à la construction de l'arche, et durant tout ce temps il ne cessait d'avertir les hommes des malheurs qui les menaçaient, et de les engager à fléchir par leur repentir et leur conversion la colère du Seigneur. Mais les hommes méprisaient les avertissemments de Noé, et se raillaient de ses paroles.

Cependant les temps s'accomplirent et le jour des vengeances arriva. L'arche étant terminée, Dieu commanda à Noé d'y faire entrer sept couples de chaque espèce *d'animaux purs, et deux couples de chaque espèce d'animaux impurs.* Ces choses étant faites, Dieu commanda à Noé d'entrer lui-même dans l'arche avec ses trois fils. Et, lorsqu'ils y furent entrés, *Dieu lui-même ferma la porte* de cette arche de salut. Au même instant, toutes les cataractes du ciel fondirent avec impétuosité sur la terre. Les mers sortirent de leurs lits, et tout fut couvert par les eaux. Elles dépassèrent de quinze coudées les plus hautes montagnes. Ces torrents de pluie tombèrent sans interruption durant quarante jours et quarante nuits. Les hommes, les animaux de la terre, les oiseaux du ciel, périrent. Tout ce qui avait vie fut étouffé dans les eaux : tout, excepté ce qu'enfermait l'arche. Elle voguait paisiblement sur les flots déchaînés et furieux. Leur violence et leurs efforts ne servirent qu'à l'élever davantage vers le ciel.

Enfin Dieu fit souffler un vent très fort pour sécher la terre, et peu à peu les eaux qui la couvraient s'abaissèrent. Onze mois après que le déluge eut commencé, Noé ouvrit la fenêtre de l'arche et lâcha un corbeau, qui ne revint pas. Peu après, il lâcha une colombe. Celle-ci n'ayant point trouvé une place sèche pour se reposer, retourna vers Noé, qui étendit sa main pour la recevoir, et la replaça dans l'arche. Le même oiseau, lâché de nouveau un mois plus tard environ, rapporta dans son bec un rameau d'olivier verdoyant, signe qui annonça à Noé la fin du déluge.

Noé et sa famille sortirent de l'arche une année après y être entrés par l'ordre de Dieu. Ils en firent sortir les animaux qu'ils avait enfermés avec eux. Ensuite Noé offrit au Seigneur un sacrifice d'action de grâces. Le Seigneur eut pour agréable ce sacrifice du juste Noé. Il lui promit que jamais le monde ne serait de nouveau détruit par un second déluge. Alors Noé vit se dérouler dans les cieux un arc lumineux et peint de sept couleurs éclatantes. Et Dieu lui dit que ce brillant arc-en-ciel était le signe de l'alliance qu'il faisait avec lui et ses descendants.

VALÉRIE.

Le bon Dieu cette fois fut bien sévère.

ELVIRE.

Il l'est toujours pour ceux qui méprisent ses menaces et persévèrent jusqu'à la fin dans le mal. *Le Seigneur,* dit un grand saint, *est patient parce qu'il est éternel.* Mais après que sa miséricorde a duré longtemps, sa justice se fait sentir. Il ne serait point infiniment bon. Nous voyons par le déluge que le grand nombre des coupables n'empêche point qu'il ne les punisse.

VALÉRIE.

Et comment la terre fut-elle donc repeuplée ?

ELVIRE.

Les trois fils de Noé s'en allèrent chacun dans un pays différent. Ils eurent tous trois des enfants qui, devenus grands, donnèrent la vie à d'autres enfants : la terre se repeupla ainsi.

VALÉRIE.

Et comment savons-nous qu'il y a eu un déluge ?

ELVIRE.

Nous le savons d'abord parce que cet événement est rapporté dans la Bible, livre admirable, écrit par l'ordre et sous l'inspiration de Dieu lui-même. Mais d'ailleurs on trouve dans la nature des preuves matérielles de cette grande catastrophe. La terre, après quarante siècles, porte les traces, et, si l'on peut ainsi parler, cicatrices encore béantes du coup terrible qui la frappa presque à sa naissance. On voit sur de hautes montagnes des poissons, des coquillages pétrifiés, qui prouvent que la mer les a couvertes; on trouve dans les entrailles de la terre, dans le cœur même des rocs et des minéraux les plus durs, des animaux fossiles d'espèce et de grandeur diverses : ces phénomènes singuliers, et mille autres dont j'aurai occasion de t'entretenir, attestent que quelque violente commotion a tourmenté la terre. En effet, pendant cette affreuse crise, des montagnes ont dû s'affaisser par l'ébranlement du terrain et tout ce qui les composait; d'autres ont dû se former alors et depuis par l'amoncellement du sable, des débris d'animaux et de végétaux, des matières de toute espèce que les vagues entraînaient.

Ce n'est pas tout : depuis le déluge, bien des accidents, moins importants sans doute, mais cependant épouvantables, ont opéré sur le globe des révolutions partielles. Des cités ont disparu, renversées par des tremblements de terre, et des provinces ont été dévorées par l'ardente lave des volcans. Ne t'ai-je pas fait voir sur la montagne de L*** le lac de Saint-F***, à la place duquel il y avait jadis une ville? Un affreux tremblement de terre ébranla le mont et en détacha le sommet, qui fut englouti dans les entrailles de la terre, ainsi que la cité dont il était couronné.

VALÉRIE.

On dit encore que dans cette ville il y avait un cou-

vent, et dans ce couvent une église avec un clocher
aussi beau que celui de N***, et une cloche aussi
grande que Caumont, et que bien souvent, au milieu
de la nuit, on entend cette clocle qui sonne matines
au fond de l'eau.

ELVIRE.

Il n'est sans doute pas besoin de te dire que c'est
un conte. Mais revenons à ce dont nous parlions
tout-à-l'heure, aux volcans et aux tremblements de
terre. Il y a en Italie, près d'une grande ville appelée
Naples, une de ces montagnes brûlantes : on la nomme
le Vésuve. Dans les temps ordinaires, l'aspect de ce
volcan ne présente rien de très frappant ; c'est une
hauteur de dimension médiocre, d'une forme conique
(c'est-à-dire ressemblant un peu à un pain de sucre)
et d'une couleur uniformément cendrée. Le cratère ou
bouche du volcan, dans ses moments de calme, exhale
seulement des vapeurs qui ne sont même un peu sen-
sibles que le matin et le soir. Alors on peut descendre
sans danger dans le cratère. Mais à ces intervalles de
repos succèdent les jours de violence et de fureur.
Alors malheur à tout ce qui avoisine le volcan ! Il ru-
git, il gronde comme un tonnerre souterrain. La montagne s'ébranle et semble s'agiter sur ses profondes
bases ; elle vomit des torrents de flamme et de fumée,
des fleuves de laves et de cendres qui engloutissent et
dévorent tout ce qu'ils atteignent. Ces terribles com-
motions s'appelent les éruptions d'un volcan.

La plus désastreuse des éruptions du Vésuve dont
on ait gardé le souvenir eut lieu l'an 79 de l'ère chrétienne. Plusieurs villes considérables, et entre autres

deux dont les noms sont devenus fameux, Herculanum et Pompéia. furent englouties vivantes dans une mer de bitume enflammé, et sont demeurées, dix-sept siècles durant, enterrées sous une montagne de cendres ferrugineuses.

VALÉRIE.

Elles le sont bien encore, apparemment?

ELVIRE.

Non, mon amie; on les a, en partie du moins, exhumées de leurs tombeaux. On a pu reconnaître l'étendue de ces villes, leur enceinte, leurs rues, leurs temples, leurs bains, leurs théâtres encore remplis de spectateurs, qu'une mort si terrible avait pris au milieu des divertissements d'une fête. Dans des maisons, on a trouvé les meubles, les livres, les comestibles même, qui servaient à l'usage de leurs habitants. Dans chaque rue, dans chaque maison, des squelettes d'hommes, de femmes, d'enfants, d'animaux. Des hommes allant au bain, d'autres assis à table, des prêtres entourant un autel, et tenant encore dans leurs mains les instruments du sacrifice. Un grand nombre de spectateurs rassemblés dans l'amphithéâtre, et tous frappés à la fois d'un commun et horrible trépas, voilà ce qu'ont offert après tant d'années ces villes mortes et silencieuses.

VALÉRIE.

Ah! c'est affreux, mais c'est bien curieux : que je voudrais les voir, ces villes enterrées et puis déterrées !

ELVIRE.

Il dépend de toi de les voir : ton papa n'a-t-il pas

le projet de faire l'année prochaine un voyage en Italie, et ne t'a-t il pas promis de t'emmener, si à cette époque tu parles bien l'italien? Profite donc des leçons que je te donne, et tu verras cette terre merveilleuse avec tout ce qu'elle renferme de prodiges. Les exhumations miraculeuses de la Campanie, le beau ciel de Naples, les chefs-d'œuvre des galeries de Florence, les flots bleus qui portent Venise, Venise la belle! les admirables monuments de Rome et ses ruines plus admirables encore. Un peu d'application, mon ange, et tu verras tout cela!

VALÉRIE.

Comme je vais étudier mon italien maintenant! Elvire, dis-moi, veux-tu me faire traduire chaque jour une page de plus?

ELVIRE.

Bien volontiers, mon cœur! Le plaisir de voir l'Italie ne sera pas au reste le seul que tes progrès te procureront. Tu ne peux pas concevoir aujourd'hui tout le charme que tu trouveras, lorsque tu seras grande, à lire les vers harmonieux et sublimes du Tasse et d'Alfieri, les célestes poésies du Dante et de Pétrarque.

VALÉRIE.

Je puis me promettre d'avance beaucoup de plaisir de ces lectures, ma cousine, si j'en juge par celui qu'elles semblent te donner. Mais pour le voyage d'Italie, papa y met encore une autre condition, comme tu sais : que je commencerai à bien dessiner.

ELVIRE.

Il a bien raison d'y mettre cette condition-là. Il doublera par-là le plaisir que te causera le voyage. Comment voir tant de sites et d'objets ravissants sans souhaiter d'en emporter une esquisse? Comment voir la baie de Naples ou les cascades de Tivoli sans désirer d'en conserver dans son album au moins une imparfaite image qui rappelle l'impression que leur vue a causée?

VALÉRIE.

Les cascades de Tivoli? Je t'ai bien souvent entendu nommer cela; dis-moi donc ce que c'est?

ELVIRE.

Des chutes d'eau qui ressemblent à celles de Salles, mais qui sont incomparablement plus grandes et plus belles. Tu as vu celles de Salles, n'est-ce pas?

VALÉRIE.

Je les ai vues l'année passée; mais j'étais si petite alors! Je voudrais bien les voir encore, et les voir avec toi.

ELVIRE.

Eh bien! mon amie, demain, si ton papa y consent, nous monterons à cheval et nous irons nous promener à Salles.

VALÉRIE.

Il y consentira, j'en suis sûre, et même je gage qu'il sera assez complaisant pour nous accompagner.

Entretiens sur les Beautés. 3

ELVIRE.

Je l'espère aussi. A demain donc cette jolie promenade.

VALÉRIE.

Oui ; et quant à celle d'aujourd'hui, elle est finie.
Nous voilà arrivées, tout en causant, à la porte de la
maison.

QUATRIÈME ENTRETIEN.

Par une délicieuse matinée de printemps, un petit groupe d'amis suivait une route sinueuse nouvellement ouverte à travers les flancs de roche d'une montagne escarpée. Ce chemin, non encore terminé, coupé en quelques endroits par d'énormes blocs que le salpêtre avait détachés de leurs antiques fondements, obstrué dans d'autres par des monceaux de terre que de récents orages avaient entraînés, longeait un sombre et étroit vallon, au fond duquel coulait un rapide ruisseau. Ses eaux vives, abondantes, froides comme la glace, et claires comme le plus pur cristal, roulaient sous une voûte où diverses nuances de vert se fondaient et mutuellement s'embellissaient, comme dans un riche ouvrage de tapisserie dont une habile brodeuse a choisi et assorti les laines avec un goût exquis. L'aulne à la feuille lustrée et brillante, le saule aux doux et languissants rameaux, se mêlaient à de hauts peupliers d'Italie, qui çà et là élevaient leurs tiges droites, élancées, semblables aux flèches élégantes d'une église gothique, ou aux mâts d'un navire orgueilleux.

Bientôt nos voyageurs quittèrent cette route, et, tournant à gauche, s'engagèrent dans une côte si difficile et si raboteuse, qu'à tous autres qu'à des montagnards elle aurait paru absolument impraticable. En effet, les rochers, rompus en durs échelons, formaient une voie plus semblable à un rude escalier qu'à un chemin battu. Là pourtant marchait d'un pas lent mais sûr un coursier, le plus pacifique et le plus prudent des coursiers, portant une femme et une jolie enfant de six à sept ans. La manière dont ces deux amazones étaient placées sur leur débonnaire monture annonçait la plus complète ignorance de l'art de l'équitation. L'air de sécurité et d'insouciance avec lequel elles causaient, chantaient et riaient, en suivant cette route dangereuse, annonçait ou une confiance sans bornes en l'intelligence de leur patient Bucéphale, ou une extrême indifférence de la vie..... Non!... Un homme à la physionomie noble, douce, à la tournure distinguée, aux manières remplies de grâce et de dignité, marchait à côté de leur cheval, le guidant du geste et de la voix, se tenant prêt à saisir les rênes au premier mauvais pas, à la moindre apparence de danger.

La sollicitude touchante empreinte sur les traits expressifs de M. de Montrol (c'était son nom), la tendresse qui brillait dans ses humides regards toutes les fois qu'il les fixait sur la jeune enfant que nous avons désignée, les inflexions passionnées de sa voix quand il lui parlait, tout cela disait clairement que cette enfant était sa fille, une fille unique et adorée, le seul objet sur lequel se réunissaient toutes les affections d'un cœur profondément sensible et douloureusement éprouvé.

Deux serviteurs et plusieurs chevaux suivaient à quelque distance. Une conversation un peu enfantine, mais fort animée, s'était établie entre nos trois voyageurs.

VALÉRIE.

Quand donc verrons-nous les cascades, papa?

M. DE MONTROL.

Bientôt, ma fille, Dis-moi, en attendant, ce que tu as lu hier en italien.

VALÉRIE.

La description des cascades de Tivoli.

M. DE MONTROL.

Hé bien ! qu'as-tu à m'en dire ?

VALÉRIE.

J'ai à vous dire, papa... voyons... D'abord, Tivoli est un endroit près de Rome. Cet endroit s'appelait autrefois *Tibur*. La route par laquelle on s'y rend était nommée jadis la *voie Tiburtine*. Elle est bordée de monuments et de ruines intéressantes. Après avoir gravi des monts très escarpés, on arrive dans un lieu où un temple antique attire d'abord l'attention. Près de là, une rivière nommée aujourd'hui le *Teverone,* et autrefois l'*Anio,* se précipite d'un grand rocher sur d'autres qui sont plus bas, et forme ainsi une première et magnifique nappe d'eau. Puis, se brisant sur les rochers de l'étage inférieur, elle s'y divise en plusieurs filets d'eau qui forment autant de nouvelles cascades, petites mais très jolies, qu'on appelle *les cascatelles.* On dit que toutes ces ondes, avec leur bruit, leur écume, le beau ciel qui les surmonte et le beau paysage qui les encadre, font un effet ravissant que les voyageurs ne peuvent se lasser d'admirer.

ELVIRE.

Puisque tu rends si bien compte de nos lectures, mon amie, nous continuerons demain celle-là. Tu verras la description de ce qui prête à l'antique Tibur ses charmes les plus touchants, celui des souvenirs. C'est là que s'élevaient jadis la *villa* du plus grand des poètes de l'impériale Rome, et celle de son fidèle ami. Un peu plus loin, vers le sud, était la fastueuse retraite d'Adrien, où la colonne de Corinthe s'élançait à côté de l'obélisque de Memphis, où se rencontraient étonnés le siècle de Sésostris et celui de Périclès, où brillaient les chefs-d'œuvre de tous les temps et de tous les pays.

M. DE MONTROL.

Oublions ces classiques souvenirs, Elivre, oublions les prodiges de la puissance et ceux des arts, pour admirer les beautés de la simple nature. Je ne vous ai fait suivre ce sentier pénible que pour vous ménager une agréable surprise... Avancez de quelques pas encore... jusqu'à l'angle de ce rocher... maintenant, regardez ! Regarde, ma Valérie !

Ah ! papa, combien d'eau ! Comme elle tombe ! Comme elle brille ! Que c'est beau ! C'est notre Tivoli, à nous !

Nos deux voyageuses mirent pied à terre. Elles étaient devant la principale des trois chutes d'eau de Salles-la Source. Nous ne pourrions décrire les exclamations nombreuses qn'arracha à leur enthousiasme la vue de cette petite mais délicieuse cascade.

M. de Montrol et ses deux compagnes passèrent derrière le rideau brillant et irisé que la cascade formait devant l'entrée de la grotte, et pénétrèrent dans ce frais et charmant réduit. Là, à la requête de Valérie, quelques mets rustiques, mais délicieux, furent étalés sur un fragment de roche auquel la nature avait donné la forme d'une table : c'était un pain d'une couleur brune et d'un goût savoureux, certains gâteaux sans levain, fort en honneur dans les environs ; c'était la fraise odorante des coteaux voisins, du miel recueilli dans le tronc d'un vieux chêne, et qui, par sa nuance *or pâle* et son parfum exquis, rappela à M. de Montrol celui de la Thessalie. Pour que rien ne manquât à ce petit banquet, un vin pétillant et rosé se mêla dans de jolies coupes de bois d'ébène à l'eau brillante de la cascade. Ce vin ne venait point des vignobles fertiles de la Champagne, mais de ceux de M. de Montrol. Et qu'elle était belle la salle du festin ! avec quel luxe la nature avait pris soin de l'orner ! Autour, les pétrifications imitaient des siéges, des demi-colonnes, des candélabres; à la voûte, elles représentaient des oiseaux, des fleurs, des arabesques. Mais comment rendre l'effet de cette éblouissante nappe de cristal qui se déployait à l'entrée, et qu'en ce moment un soleil ardent colorait des plus riches reflets?

Cette jolie grotte, dit M. de Montrol, me rappelle plusieurs de celles que j'ai vues dans mes premiers voyages en Suisse et en Italie.

VALÉRIE.

Ah! papa, parlez-nous donc un peu de cela?

M. DE MONTROL.

Je me souviens entre autres de la caverne de Balme, à l'entrée de la Savoie. Pour y parvenir, on a pratiqué dans le roc vif un sentier de deux cents pieds de long, qui va tournant et se repliant sur lui-même, si bien que de la vallée qu'il domine on ne le voit pas du tout, et que la caverne, située à une grande hauteur sur le flanc presque perpendiculaire de la montagne, semble tout-à-fait inaccessible : on y arrive toutefois, au moins à certaines époques de l'année, car cette curieuse grotte n'est point abordable dans toutes les saisons. Parvenu enfin à l'entrée de cette excavation, on la trouve fermée par une grille avec une forte serrure et un bonne clef.

VALÉRIE, d'un petit air dépité.

Méchant papa ! je le suis avec tant de curiosité, et il me mène contre une vilaine grille pour m'y casser le nez.

M. DE MONTROL.

Apaisez-vous, mignonne ; cette grille va s'ouvrir pour nous, moyennant trois francs que nous donnerons au locataire de la grotte, car le gouvernement sarde la loue huit cents francs par an. En entrant, et à côté de la porte, on trouve une spacieuse et belle salle : une grande ouverture permet au jour d'y pénétrer et à nos regards de s'égarer sur un pittoresque vallon où l'Arve roule au loin ses flots sinueux. Remarquez dans ce salon cet arbre qui le tapisse de son feuillage, et qui allonge ses rameaux pour aller chercher de l'air à cette crevasse, comme un captif à la fenêtre de sa prison. A présent, passons dans la principale galerie. A la lueur vacillante des torches, nous la verrons tour-à-tour s'élargir, se resserrer, s'élever, s'abaisser : là c'est un passage où il faut se glisser en rampant ; ici une voûte de sept cents pieds d'élévation couvre une magnifiue salle, dont des marbres aux couleurs les plus variées forment les lambris, où les cristaux les plus brillants affectent les formes les plus bizarres et en même temps les plus agréables à la vue. Après avoir suivi d'autres galeries, admiré d'autres appartements, que séparent entre eux des murs de stalactites, on arrive au bord d'un puits qui, dit-on, a six cents pieds de profondeur : il est au milieu de cette grande et curieuse excavation à laquelle les guides du pays donnent deux lieues de long : un lac en occupe une partie.

J'ai vu en Irlande la fameuse grotte de Saint-Patrice ; celle du Chien, en Italie ; dans la province de Darlay, en Angleterre, une grande et très curieuse caverne, connue sous le nom de *Devil's Hole*, deux mots anglais qui signifient *Trou du Diable*. Une foule de traditions superstitieuses et de légendes effrayantes se rattachent à ce lieu, d'où un torrent s'élance par une ouverture qui imite la porte d'une église gothique.

Durant mon voyage en Grèce, j'ai vu dans l'ancienne Achaïe l'antre de Trophonius, célèbre jadis par ses oracles ; quarante passages souterrains, aboutissant tous à une galerie principale, sillonnent les flancs d'une haute montagne.

Il serait trop long de te nommer toutes les cavernes que j'ai visitées dans mes lointains pèlerinages. Dans les montagnes volcaniques, dans les contrées sujettes aux tremblement de terre, ces excavations sont nombreuses. Ces retraites mystérieuses offrent un singulier intérêt. Là elles inspirent une sorte de terreur, on les regarde comme des lieux hantés par de mauvais génies, on leur donne des noms qui épouvantent ; ici brillantes de l'éclat des plus riches métaux, veloutées d'une mousse moelleuse, entourées de riants paysages, elles ne rappellent que des idées gracieuses : la fable les donne pour asile aux bergers, aux nymphes, aux divinités des bois. Un antre sert d'entrée aux Enfers ; une grotte que tapisse une vigne chargée de ses beaux fruits est l'habitation de Calypso ; dans une autre la Sybille rend ses oracles.

Mais combien sont plus grandes et plus poétiques encore les images que le christianisme rattache à ces silencieux et sombres abris ! Ils couvrent de leur ombre les saints anachorètes ; ils inspirent des chants à David et aux autres prophètes de Sion. Quand le grand jour de la rédemption du monde approchait, la grotte de Gethsemani entendit les soupirs d'agonie et recueillit les larmes douloureuses et la sanglante sueur de l'Homme-Dieu. Oh ! mon enfant, qu'il est riche de souvenirs, de sentiments et de méditations celui qui a vu ces rochers, ces antres sacrés !

VALÉRIE.

Papa, dans vos voyages vous avez vu aussi de belles cascades, n'est-ce pas ?

M. DE MONTROL.

Oui, ma fille, et principalement sur les Alpes. C'est là que de superbes rivières se précipitent du sommet des plus hautes montagnes, et forment en plusieurs endroits des cataractes qui rendent le voyageur muet d'admiration. Les unes tombent en pluie fine dans de fertiles et fraîches vallées, les autres se brisent avec fracas sur des rocs anguleux ou se perdent dans de profonds abîmes.

VALÉRIE.

Vous parlez souvent des Alpes, mon cher papa ; c'est un joli pays sans doute ?

M. DE MONTROL.

C'est une contrée où tout est imposant et grandiose : les monts aux formes indécises, aux cimes perdues dans les nuages ; les rochers aux flancs caverneux ; les arbres au front séculaire et mille fois frappés par la tempête. Mais les eaux, ce me semble, forment la plus belle des décorations de ce sublime théâtre. Là, durcies et condensées en glaces transparentes, elles servent de miroir au brillant soleil de l'Helvétie ; ici, paisibles et nonchalantes, elles s'étendent en lacs spacieux, et leur tranquille azur repose mollement sur les plaines et dans les vallées, et porte avec un doux balancement les barques des glorieux enfants de Tell. Plus loin, torrents prodigieux, tonnantes cataractes, elles se roulent de rocher en rocher, comme un tonnerre harmonieux, se brisent et se réduisent en écume neigeuse, en poussière humide, en légères et flottantes vapeurs.

Mais les chutes d'eau les plus belles de l'univers, je les ai vues en Amérique. Ce sont celles du Niagara.

VALÉRIE.

Qu'est-ce que le Niagara, papa?

M DE MONTROL.

Une fort grande rivière qui coule dans une partie de l'Amérique appelée le Canada. Cette rivière sort du lac Erié et se jette dans le lac Ontario. Dans son cours de dix lieues, elle forme trois cataractes, dont la principale, connue sous le nom de *cataracte du fer à cheval*, surpasse tout ce que l'imagination peut concevoir de plus magnifique en ce genre. Elle a plus d'un quart de lieue de largeur, et tombe perpendiculairement d'une hauteur de cent soixante pieds au milieu d'un voile diaphane de vapeurs semblables à une légère fumée, et avec l'impétuosité et le fracas de la foudre. Au-dessous le fleuve bondit et tourbillonne d'une manière effrayante. Au-dessus se déploie un brillant et mobile arc-en-ciel, qui, par un singulier prestige, semble se déplacer à mesure qu'on s'approche ou qu'on s'éloigne de la cataracte.

VALÉRIE.

J'aimerais bien voir cela! je voudrais bien que

nous eussions ici près quelque cascade comme celle-là !

M. DE MONTROL.

En général, ma chère, les choses de ce genre se trouvent pincipalement dans les pays où les hommes sont peu nombreux et la civilisation peu avancée. Dans de telles régions, le terrain est plus inégal qu'ailleurs, les lits des fleuves sont plus étendus et leur marche plus irrégulière. C'est en nettoyant les lits des fleuves et des rivières, en contenant leurs eaux, en les dirigeant avec beaucoup de peines et de travaux, qu'on parvient à leur donner un cours uniforme.

ELVIRE.

Le commerce y gagne, sans doute ; mais combien le poète, le voyageur, le peintre, déplorent ces envahissements de l'industrie !

M. DE MONTROL.

L'industrie a peut-être aussi sa poésie, Elvire. Je vous ai vue naguère en admiration devant la machine soufflante de D***. « Ecoutez, me disiez-vous, écou- » tez la voix de ces vents furieux ! Ils rugissent, indi- » gnés de se voir ainsi maîtrisés par l'industrie hu- » maine ! » Vous parcouriez avec un intérêt visible ce vaste établissement. Vous ne pouviez assez vous étonner de voir une ville là où quelques années auparavant il n'y avait qu'un terrain noirâtre, nu, infertile et inhabité. Vous me demandiez quel magicien avait frappé de sa baguette les flancs brûlants de la montagne pour en faire sortir ainsi instantanément des maisons, des ateliers, des palais !

ELVIRE.

Il est vrai que si les hommes n'avaient point déchiré
la terre pour chercher dans son sein les minéraux
plus ou moins utiles, plus ou moins précieux, nous
ignorerions une partie des dons que la bonté divine
nous a faits.

M. DE MONTROL.

Oui, une partie essentielle.

ELVIRE.

Je vous avoue pourtant que les trésors renfermés
dans les entrailles de la terre excitent moins ma curiosité et mon intérêt que les richesses végétales qui
couvrent sa surface. Jamais un lingot d'or ou d'argent,
une pierre, un minéral enfin, quel qu'il soit, ne me
dira ce que me dit la plus humble fleur de la prairie,
le plus chétif insecte qui voltige au printemps.

M. DE MONTROL.

Lorsqu'on a étudié la nature, ma chère Elvire, on
convient que la bonté et la grandeur de Dieu éclatent
dans toutes ses œuvres. Dans le règne minéral, sa
puissance se fait sentir d'une autre manière, mais non
moins sensiblement que dans les deux autres.

VALÉRIE.

Papa, qu'est-ce que cela signifie, *le règne minéral?*

M. DE MONTROL.

On divise les êtres de la nature en trois grandes
classes qu'on appelle *règnes* Le *règne animal* com-
prend les quadrupèdes, les oiseaux, les poissons, les
reptiles, les insectes, enfin tous ces êtres qui ont le
mouvement et l'instinct, qui *vivent* d'une vie à peu
près semblable à la nôtre, et que tu entends appeler

chaque jour du nom d'animaux, nom qui signifie qu'ils ont une *âme*, non pas une âme immortelle, comme la nôtre, mais une certaine intelligence, que nous appelons *instinct*.

Le *règne végétal* renferme les arbres, les plantes, les mousses, les fleurs, tout ce qui *végète*, c'est-à-dire ce qui *vit* attaché à la terre. Quelques végétaux sont doués de la faculté de se mouvoir ; mais leurs mouvements, presque insensibles, sont fort différents de ceux des animaux. Il y a aussi quelques êtres qui semblent privés de cette faculté locomotive, et qu'on regarde néanmoins comme appartenant au règne animal. Ce sont des transitions d'un genre à un autre.

Le *règne minéral* enfin se compose des pierres, des marbres, des métaux, de tous les corps qui sont inertes et qui n'ont pas une vie que nous puissions apercevoir, de ces êtres qui sont ou qui du moins paraissent être dépourvus de toute sensibilité, et qu'on ne voit pas, comme les animaux et les végétaux, naître, croître, et se reproduire, puis languir, vieillir et mourir.

VALÉRIE.

Papa, je pense, comme Elvire, que l'étude du règne végétal doit offrir plus d'intérêt que celle des deux autres. J'aime tant les fleurs !

M. DE MONTROL.

Hé bien ! ma fille, je veux te procurer le plaisir d'en voir de très belles et de très rares. J'ai demandé à M. le comte d'Hermant la permission de visiter ses magnifiques serres.

VALÉRIE.

Ah ! papa, quand irons-nous les voir ?

M. DE MONTROL

Nous sommes attendus demain. Chemin faisant nous effeuillerons quelques-unes de nos fleurs indigènes. Elles méritent d'être étudiées et admirées tout autant que les orgueilleuses étrangères qu'on entoure de tant de soins et d'honneurs.

Maintenant il faut quitter ces lieux. Le soleil commence à baisser, et nous avons une longue route à faire.

CINQUIÈME ENTRETIEN.

Lorsque le printemps vient tirer la nature de la léthargie où la plongea l'hiver, quand tout s'éveille et se ranime au souffle embaumé des beaux jours, dans cette saison où le cœur palpite à battements précipités, alors que mon âme éprouve cette exaltation, cet enivrement que produisent toujours sur moi la vue des fleurs, l'encens des prairies, une lumière étincelante et une chaude atmosphère, j'aime à parcourir les bois et les guérets, à écouter au déclin du jour la voix du torrent et les chants des oiseaux ; il me semble que la vie m'est devenue plus légère, que le malheur un moment a oublié de peser sur moi.

Je lève des yeux humides vers le ciel, je bénis son azur et sa sérénité; je bénis la lumière, premier et magnifique don du Créateur, cette lumière qui m'éclaire pour admirer tant de doux et gracieux objets, et surtout je bénis le Dieu qui fit tant de choses pour les délices de mes yeux et de mon intelligence.

Je me regarde comme placé par sa main toute-puissante au milieu d'un vaste théâtre où se succèdent sans relâche des scènes toujours nouvelles, quoique toujours les mêmes. Quelles majestueuses décorations le parent, ce théâtre, et que le poème qui s'y déroule est grand et sublime! Le soleil s'avançant d'abord le front voilé d'une pourpre diaphane, et bientôt déchirant la rouge et transparente nuée pour se montrer dans tout son éclat; les riches teintes de l'aurore, l'ardent rayon du midi, le manteau vaporeux du soir, le météore errant dans les ténèbres, la lune avec sa blanche lueur, les étoiles, la flamboyante comète, l'éclair qui sillonne la nue, la foudre qui la déchire, la grêle lançant, comme une artillerie aérienne, ses balles glacées et dévastatrices; l'arc radieux qui brille au ciel après l'orage, comme un sourire d'espérance sur un visage baigné de pleurs : voilà les scènes de ce théâtre, voilà ses décorations et ses acteurs.

Lorsqu'on envisage la nature sous ce point de vue, on se reprocherait comme une indifférence coupable et presque impie de rester inattentif à tant de merveilles, de ne pas chercher à étudier les œuvres de Dieu pour s'exciter sans cesse à la reconnaissance qu'on lui doit.

Quand on pense aux innombrables dons qu'il nous a

faits, aux présents variés que nous apporte chaque saison, aux végétaux qui couvrent le globe, et dont la plupart servent à notre utilité ou à notre agrément, aux richesses minérales entassées dans le sein de la terre, et que l'industrie de l'homme en arrache pour les employer à tant d'usages divers, on ne trouve pas d'accents pour exprimer son admiration. Et quand on se dit : « Le Dieu vivant a semé partout la vie, » et qu'on pense aux peuples sans nombre qui se meuvent à la surface de la terre et dans ses entrailles fécondes, qui remplissent les profondeurs inconnues de l'Océan, l'admiration et l'étonnement redoublent. Mais si, portant sa pensée plus loin encore, on songe que notre planète n'est qu'une partie infiniment petite du grand univers que Dieu a fait, un monde errant au milieu d'un nombre immense de mondes semblables ou supérieurs à lui, l'esprit demeure anéanti sous le poids de l'infini : il éprouve ce qu'éprouvent nos yeux débiles quand ils essaient de se fixer sur le disque enflammé du soleil.

Et dans ces moments de stupéfaction, l'admiration lassée a besoin de se reposer sur quelque objet particulier de la création. Les plus humbles, les plus chétifs aux yeux du vulgaire, offrent encore un vaste champ aux investigations de l'homme studieux. Voyez le patient naturaliste qui consume des années à l'étude d'une seule espèce d'insectes; l'horticulteur, qui trouve l'emploi de toute une vie, et de toute une vie heureuse, dans les soins qu'il donne à ses fleurs chéries! Oh! les jouissances de ce dernier je les comprends. Les fleurs me semblent ce que la main du Créateur a jeté de plus gracieux dans la nature matérielle. Aussi en a-t-on fait les symboles de tout ce qu'il y a de plus aimable et de meilleur dans le monde. L'innocence, le bonheur, la pureté, ont des fleurs pour emblème. Les fleurs s'effeuillent sous les pas du conquérant ; elles ornent le front de la nouvelle épouse et celui de la vierge qui se consacre au Seigneur. Dès les premiers jours du monde, elles ont paré les autels de la Divinité.

La petite Valérie et Elvire avaient comme moi un amour passionné pour ces fraîches filles du printemps.

Vers la fin du jour qui suivit celui qui s'était si doucement écoulé à Salles-la-Source, nos deux amies et M. de Montrol entraient dans une riante enceinte, où un de leurs voisins, vieillard aimable et habile horticulteur, avait réuni en grand nombre des plantes précieuses et agréables.

M. d'Hermant, c'est ainsi qu'il se nommait, accueillit gracieusement ses hôtes, et ce fut avec une visible satisfaction et un naïf orgueil qu'il leur montra son jardin.

Il était en pente douce, très vaste, coupé par plusieurs terrasses, et il dominait une vallée fertile et pittoresque qui, n'en étant séparée que par une haie de houx et de rosiers, semblait en faire partie. Les regards s'égaraient avec délices sur le lointain tout de verdure, d'ombre et de fraîcheur, puis se reposaient doucement sur de hautes montagnes aux blanches cimes qui, dans le fond de l'horizon, se déployaient en amphithéâtre, et enfermaient dans leurs bras cette paisible solitude.

M. de Montrol, Elvire et la petite Valérie jouirent un moment de ce coup d'œil enchanteur ; mais M. d'Hermant les tira bientôt de l'extase contemplative où ils étaient plongés, et s'empressa de les conduire vers ses fleurs favorites, l'objet de ses soins les plus assidus, l'honneur de son jardin, vers ses magnifiques planches de tulipes.

Que Valérie était joyeuse de voir ces fleurs si éclatantes et si variées ! M. de Montrol, après en avoir admiré plusieurs, s'arrêta devant une d'elles qui lui parut plus belle qu'aucune des autres. Elle était d'une forme parfaite : son calice était régulier et élégant. Deux couleurs distinctes ressortaient sur un fond blanc satiné, et les onglets, c'est-à-dire le bas de chaque pétale, étaient d'un blanc pur.

— Hé bien ! qu'en dites-vous ? s'écria M. d'Hermant au comble de la joie.

M. DE MONTROL.

Elle est admirable, et me rappelle une curieuse anecdote que j'ai lue dans un recueil périodique fort amusant.

M. D'HERMANT.

Oh ! il fut un temps où le goût des tulipes était poussé jusqu'à une sorte de frénésie. Aujourd'hui on ne s'inquiète pas ainsi d'une fleur. Moi cependant j'avoue que mon jardin me fait passer des moments de véritable bonheur : c'est ma plus chère distraction.

M. DE MONTROL.

Ce goût vous honore, M. le comte ; plus d'un sage a trouvé dans la culture des fleurs un agréable délassement à de graves et utiles travaux. On sait com-

bien l'illustre et vertueux Malesherbes aimait ses roses. Mais les goûts les plus louables, poussés à un
certain excès, peuvent devenir ou funestes ou ridicu-
les. Quant à mon anecdote, la voici :

« Un fleuriste de Harlem avait une tulipe, une tu-
» lipe sa joie et son orgueil. » (Elle ressemblait
parfaitement à la vôtre, si la description que j'ai lue
est exacte.)

« Il passait des journées entières à la contempler,
» et chaque jour il y découvrait de nouvelles beautés.
» Aux premiers jours de juin, quand la fleur était flé-
» trie, il la déterrait, débarrassait la pulpe des petits
» caïeux qui l'entouraient, et les plaçait dans un en-
» droit bien sec, puis attendait le mois de mai. On
» l'enviait et on le haïssait, car il était heureux !

» Un jour, un voyageur auquel il avait montré sa
» tulipe lui apprit que la pareille existait à Paris, au
» faubourg du Temple.

» La vie de notre homme fut dès lors empoisonnée :
» sa tulipe avait perdu tous ses attraits.

» Enfin il n'y put plus tenir. Il partit pour Paris,
» paya la tulipe ménechme trois mille francs, l'écrasa
» sous ses pieds, et revint heureux, sûr que la sienne
» était unique. »

M. D'HERMANT.

Ce trait de folie ne m'étonne pas. Ce goût des tulipes, qui fut un moment une mode, a fait faire plus
d'une extravagance semblable. Mais moi, qui aime ces
fleurs sans être jaloux de les posséder seul, j'offre à
mademoiselle Valérie de lui garder des ognons de mes
plus belles espèces.

VALÉRIE.

Ah ! je vous en serai bien obligée, monsieur ; que mon petit jardin va être joli l'année prochaine ! Mais il faudra encore que vous ayez la complaisance de m'apprendre comment on cultive ces belles fleurs.

M. D'HERMANT.

Rien n'est plus facile ni plus simple, ma jolie petite voisine. Au mois d'octobre, après avoir bien ameubli une planche proportionnée au nombre d'ognons que je vous donnerai, vous les placerez dans des rayons espacés de six pouces et profonds de deux. Il faudra les enfoncer entièrement en les mettant à cinq ou six pouces les uns des autres ; vous aurez soin de mettre les plus petits ognons au premier rang ; ceux qui seront un plus forts au second, et ainsi de suite, pour présenter une gradation agréable à la vue. Il est bon que les planches soient élevées un peu au-dessus des sentiers, qu'elles soient à l'abri de l'humidité. On peut soutenir la terre comme pour les planches de jacinthes, et leur donner les mêmes soins après l'hiver. A l'époque des fleurs, on peut, pour prolonger leur durée, les couvrir de berceaux sur lesquels on étend des toiles ou des nattes.

Les belles tulipes, comme celles-ci, se mettent en planche ; les plus communes se mettent en bordure. Vous voyez que j'ai entouré ces compartiments de tulipes roses et de tulipes doubles. Celles que vous voyez là-bas dans ces vases sont des tulipes simples. C'est la seule espèce qu'on puisse élever en pots. Il faut à toutes les autres une terre abondante et très peu d'humidité.

Parmi les tulipes panachées, en voici une fort estimée : on lui a donné le nom de *marguelina*. Sa voisine s'appelle l'*agathe*. Celle que vous voyez auprès de ce rosier est une variété que j'ai obtenue. Je l'ai baptisée la *myrthé*, du nom d'une jeune et charmante dame depuis peu fixée dans nos environs. Cette autre, paille et hortensia, s'appellera, si vous le trouvez bon, la *valérie*, et celle qui la suit, l'*elvire*.

Maintenant voyons un peu mes œillets. Cette fleur-ci, comme vous le savez, demande beaucoup de soins.

Voici l'*œillet des bois*, qui fleurit l'hiver même, pourvu qu'on ait soin de le préserver du froid ; l'*œillet des fleuristes*, qui a une odeur de clou de girofle ; l'*œillet des poëtes*, dont les fleurs réunies en touffes forment de charmants bouquets. Je ne vous nomme point les autres, j'en ai plus de soixante espèces, sans compter les variétés.

ELVIRE.

Quel délassement plein de charmes vous avez choisi, monsieur, et que votre retraite et délicieuse ! Il est doux de passer ainsi une partie de son temps au milieu des fleurs.

M. D'HERMANT.

Voici l'heure du jour où il est le plus agréable de les voir et de les respirer. Une eau bienfaisante vient d'étancher leur soif, de ranimer leur fraîcheur. Elles ouvrent leur calice aux brises du soir, et, radieuses, semblent dire au soleil un doux adieu, en exhalant leurs plus suaves parfums.

En effet, l'air, qui tout le jour avait été brûlant, était alors frais et balsamique. Les zéphyrs murmuraient dans le feuillage des arbres d'agrément qui, disposés en berceaux, en allées, en massifs, embellissaient ce lieu charmant. On s'enivrait du parfum des roses, de la tubéreuse, des jonquilles. Le jasmin et le chèvrefeuille s'enlaçaient autour des treilles disposées pour soutenir leurs souples et faibles tiges, et s'arrondissaient en voûte fraîche et embaumée. L'iris, la marguerite-reine, le lis éclatant et majestueux, la violette à la teinte pâle, au port humble et doux, formaient un délicieux mélange de couleurs et de senteurs. Des lilas et quelques oliviers odorants de la Chine se groupaient autour d'un tertre de gazon, sur lequel un myrte d'une grandeur et d'une beauté extraordinaire balançait ses suaves rameaux, en jetant autour de lui une neige de fleurs.

M. d'Hermant conduisit ses hôtes dans sa pépinière de rosiers. Il leur en fit remarquer une foule, tous d'espèce différente, tous d'une extrême beauté.

Voici, leur dit-il, le rosier *Bengale rouge :* ses fleurs sont moins odorantes que la plupart des autres espèces de roses ; mais on les aime pour leur belle couleur pourpre. Le *Bengale blanc,* qu'on appelle aussi *rosier des Indes,* donne pendant l'été, et presque tout l'automne, des fleurs d'un pâle mais doux incarnat.

Ce grand rosier de huit pieds de haut est indigène et très commun dans nos provinces méridionales ; ses fleurs nombreuses et d'un blanc de lait ne s'ouvrent jamais parfaitement. Admirez ces rosiers nains avec leur fleurs mignonnes, délicates et disposées en guirlandes. Le rosier mousseux est un de ceux que je préfère. Mais c'est assez : approchons de cette pièce d'eau.

Non loin du bosquet de rosiers était un vaste bassin dont l'eau, d'une parfaite impidité, n'était point resserrée dans une prison de marbre, mais entourée d'une ceinture de verdure et de fleurs. Des nymphæa de diverses espèces supendaient sur cette onde paisible leurs corolles de neige, d'azur, d'or, et d'une nuance rosée. Des saules l'ombrageaient de leurs rameaux pleurants. Des cygnes au blanc plumage voyageaient sur cette onde enchantée, et semblaient se complaire au milieu de ces plantes élégantes et belles comme eux.

Valérie demanda à son père le nom des fleurs aquatiques qu'elle voyait.

M. DE MONTROL.

Celle dont les larges feuilles sont dentelées, et dont la tête gracieuse repose si mollement sur les eaux, est le *lotus d'Egypte*, qu'ont tant chanté les poètes orientaux. Ils l'appellent d'un nom qui en arabe signifie *l'épouse du fleuve*. Voici à côté la *nymphæa cerulæa*, aux fleurs d'un bleu céleste. Celle-ci, d'un rose charmant, s'appelle la *nymphæa nelumbo*, de l'Inde. Cette autre à grandes fleurs blanches est commune dans les rivières et les canaux du midi de la France, mais n'en produit pas moins un effet agréable au milieu de ses sœurs. Le nom générique est *nymphæa*, fleur *des nymphes*.

M. D'HERMANT.

Entrons maintenant dans l'orangerie.

VALÉRIE.

Jamais je n'ai vu un si grand nombre de jolis arbustes. Voulez-vous m'en apprendre les noms ?

M. D'HERMANT.

Voyez d'abord ces limoniers chargés de leurs fruits; cet arbuste, dont le parfum imite celui de l'ananas, vient de l'Amérique. Mais ce que j'aime le mieux est une collection d'orangers. J'en ai réuni vingt espèces ou variétés. Voici le bel *oranger-grenade* ou *oranger de Malte;* celui-ci s'appelle *poire du commandeur,* parce que la coupe du fruit sur la largeur représente une croix de Malte. Remarquez l'*oranger à fruit violet,* l'*oranger à feuilles de myrte,* l'*oranger turc,* dont les feuilles sont bordées de blanc.

La culture de l'oranger et celle du citronnier est la même. Ces deux arbres sont originaires de l'Inde et de la Chine. Pour les conserver dans nos climats, il faut des soins minutieux et assidus; il faut avoir une serre exposée au midi, bien fermée, chaude et matelassée comme celle-ci. Les orangers, en toute saison, doivent être rentrés le soir, et même durant le jour, dès que le temps se refroidit. L'hiver, on ne les sort pas du tout.

S'il était moins tard, je vous proposerais de voir ma seconde serre remplie de plantes américaines.

M. DE MONTROL.

Nous serons forcés de remettre cette visite à quelque temps d'ici : je vais partir demain pour V***, et mon absence durera au moins trois mois.

Le lendemain fut un jour de tristesse pour Valérie et Elvire. Elles partirent avec M. de Montrol pour la ville voisine, où des affaires importantes les retinrent trois mois entiers. Que ce temps sembla long à nos deux amies ! Avec quelle joie elles revinrent aux premiers jours de septembre dans leur vallon chéri ! Avec quel transport elles saluèrent les coteaux alors couverts de grappes mûres et vermeilles !

Dans les prairies et les jardins, on voyait encore çà et là quelques fleurs rares, et pour la plupart sans odeur, au milieu desquelles le tritoma à grappes se faisait remarquer par sa haute tige et ses boutons d'un vermillon éclatant et disposé sen épis. Quelques violettes des Alpes déployaient aux brises d'automne leurs pétales veloutés, et des belles-de-nuit, blanches, jaunes, panachées, ouvraient leurs calices à l'approche du soir. Enfin la jolie rose blanche du Bengale était là aussi pour rappeler encore mieux le printemps.

Le jour qui suivit celui de leur arrivée, Elvire, Valérie et M. Montrol se promenaient au bord d'un ruisseau qu'ombrageait un vert rideau de peupliers. Elvire aperçut dans le gazon une petite fleur bleue, et s'écria : Ah ! voici le myosotis, ma fleur chérie ! elle a survécu au printemps ; elle est restée là pour nous réjouir à notre retour.

M. DE MONTROL.

Ne l'appelez pas de son nom classique, Elvire ; j'aime mieux celui que lui donnent les Anglais et les Français : *forget me not*, ou *souvenez vous de moi.*

ELVIRE.

Vous avez raison ; et c'est sous ce dernier nom, sous ce nom vulgaire, que je vais la classer.

SIXIÈME ENTRETIEN.

(Suite du précédent.)

Culture de la vigne, du blé. — Amour de la patrie.

Les coteaux sont à demi dépouillés de leurs trésors. Les vendanges, les bruyantes vendanges s'achèvent. Octobre, le mois des chansons, des danses et des travaux joyeux, octobre, dans ces climats le plus riant des mois, s'enfuit et va nous quitter. Il s'enfuit avec ses grappes pourpres et vermeilles, avec ses fruits abondants et savoureux, ses belles et longues soirées, et la folle gaîté qui marche sur ses traces.

Voici venir novembre avec un cortége plus paisible, un soleil plus voilé, un aspect plus grave.

Salut àtoi, mois des frimas! Ce nom t'appartient dans nos nébuleuses provinces du nord, où tu reviens

4..

sombre et glacé. Mais tu es beau dans la contrée que maintenant j'habite, dans l'heureuse patrie que j'ai retrouvée! Ton soleil affaibli, mais encore chaud, jettera sur nos coteaux chéris des reflets d'un rose pâle et doux comme les couleurs de l'aurore. Oh! viens avec ta guirlande de fleurs tardives et de feuilles jaunies, avec le murmure de tes brises, la teinte indécise de ton ciel vaporeux, avec tes nuages aux vagues contours et ta tristesse aimable et touchante comme un souvenir de bonheur!

Mois des longues promenades solitaires, mois de recueillement et de méditations, je bénis ton prochain retour! S'il est vrai que je t'ai toujours aimé, si toujours les pampres flétris et rougeâtres, tes collines sans fraîcheur, tes arbres sans parure, m'ont trouvée plus sensible à leurs charmes mélancoliques que je ne le fus même aux charmes enivrants de mai, le joli mois des fleurs; ô novembre, ne m'apporte que des rêveries doucement tristes comme toi, et non d'accablantes douleurs! ne sois pas pour moi l'époque redoutée d'une séparation pleine d'angoisses!

Et toi, où peut-être ma destinée m'appelle, ô Lusitanie, qu'avec transport je saluerais tes rives, si pour les voir il ne fallait m'arracher à de si tendres affections! Il est doux de respirer dans tes brises suaves les émanations des fleurs de l'oranger ; il est doux de voir s'ouvrir, aux rayons de ton ardent soleil, la grenade purpurine et le fruit amer de l'olivier. Il est doux de parcourir les bords de ce fleuve aux belles eaux, de ce Tage que Byron a chanté, de gravir tes montagnes de granit et de marbre, de parcourir tes hautes plaines, qu'ombragent le cormier, le bouleau, le sombre mélèse, qu'embaument le ciste, le myrte et tant d'autres arbres odoriférants, qu'émaillent des plantes éblouissantes comme le plumage des oiseaux américains. Il me serait doux de voir cette Lisbonne étendue sur ses vertes collines, cetteanti que *Olisipo*, deux fois presque ensevelie, et deux fois sortie de ses cendres, rajeunie, embellie, telle que cet insecte rampant et sans éclat qui, après une mort passagère, renaît paré des plus vives couleurs, et se balance sur ses ailes nouvelles, gracieux et brillant comme la fleur que le zéphyr emporte en se jouant. J'aimerais à voir ce magnifique pont d'Alcantara, chef-d'œuvre du génie de Mansel de Maya, de prier dans la chapelle de *Nossa Senhora dos Terremotos.*

Mais ces jouissances n'en sont plus quand on les achète par un triste exil. Oui, sous quelque beau ciel que le destin le jette, le voyageur trouve que nul pays n'a autant de charmes que celui où il reçut la vie.

Voyez comme ils sont gais nos coteaux ! quelques raisins encore pendent aux ceps raboteux : les vendangeurs les détachent en chantant.

Chacun de ces groupes riants et empressés d'hommes, de femmes, d'enfants, jetés çà et là sur les flancs à pic de nos collines, semble un essaim bourdonnant suspendu au tronc d'un vieux chêne ou aux parois perpendiculaires de quelque antique roche usée par les torrents et les pluies d'hiver.

Au milieu de ces vendangeurs actifs et joyeux, la jeune Valérie, ayant comme eux un léger panier au bras et un petit couteau à la main, va, vient, chante, et plus agile, plus vive, plus joueuse qu'un écureuil, saute sur les rochers anguleux et sur les murs nombreux qui soutiennent en terrasse le sol tout près de s'ébouler.

Un peu plus haut, Elvire, assise sur la corniche de rocs calcaires qui s'étendent comme un long banc et forment la crête du mont, essaie d'esquisser la scène animée qui l'entoure.

De là ses regards ravis embrassent et la double chaîne des coteaux, et la vallée étroite et tortueuse qui s'allonge et serpente à leurs pieds comme le lit d'un fleuve desséché.

Au fond d'un vallon, entre deux beaux rideaux de peupliers, coule un ruisseau aux flots bouillonnants, au cours sinueux ; il se montre çà et là, à travers le mouvant feuillage, gracieux et doux à l'œil comme un long ruban de satin blanc.

L'ombre couvre déjà le ruisseau et tout le vallon. Mais les peupliers élèvent presque au niveau des collines leurs têtes pyramidales, et s'en vont chercher au loin les derniers rayons du soleil, qui semblent s'arrêter sur eux avec complaisance, et entourent leurs fronts jaunissants d'une brillante auréole.

Cependant l'ombre s'épaissit, et de plus en plus monte sur les coteaux. L'astre du jour s'éloigne, s'enfuit, et semble glisser mollement derrière les rochers qui bornent la vue à l'occident. Son disque descend graduellement, et bientôt on ne voit plus qu'un arc étincelant, mais aussi étroit que celui de la lune à son déclin. Les cimes aiguës des rochers sont seules colorées d'un rouge vif. On dirait que le dieu, en fuyant, jette sur elles ses voiles de pourpre. Mais l'arc lumineux se rétrécit toujours... Il disparaît... Quelques rocs nus réfléchissent encore, comme les fragments d'un miroir brisé, les rayons lointains de l'astre qui nous abandonne. On voit entre la montagne et les cieux flotter quelques lueurs incertaines, vacillantes, telles que les mourantes clartés d'un feu qui s'éteint.

Les vendangeurs, en voyant approcher l'heure qui doit terminer leurs travaux du jour, ont redoublé de zèle, de diligence et de gaité. Les grappes tombent et s'empilent dans les corbeilles larges et profondes que placent sur leurs têtes les robustes *porteurs*. Imitant parfaitement la coupe que donnaient à leur chevelure d'emprunt les contemporains de Molière, chacune de ces corbeilles prend la forme de la tête de celui qui la porte, et descend sur ses nerveuses épaules, d'où la sueur coule par torrents. Courbés sous ces pesants fardeaux, s'appuyant sur un long bâton qui sert moins à soutenir leur marche qu'à la diriger, ces hommes courent avec une étonnante vitesse sur les flancs rapides des monts, à travers les rochers, la terre éboulée et les pierres roulantes sous leurs pas.

Les travailleurs étaient à leur tâche dès l'aurore ; ils la quittent aux dernières lueurs du crépuscule. Ils ont porté *tout le poids du jour et de la chaleur*, et les voilà qui dansent avec autant d'ardeur et de plaisir que la femme à la mode qui, levée à peine lorsque le soleil était déjà au milieu de sa carrière, a attendu l'heure du bal, couchée sur son ottomane ou assise devant sa psyché.

Entrez avec moi dans cette pièce enfumée. Voyez

à la clarté de cette lampe noire et triste comme un flambeau funéraire, autour de cette table couverte de mets si grossiers, voyez ces femmes, ces enfants si pauvrement vêtus, ces hommes livrés depuis l'aube au travail le plus pénible. Au lieu de chercher dans le sommeil l'oubli de leur fatigue d'aujourd'hui, c'est en dansant, en s'agitant, en veillant une grande partie de la nuit, qu'ils se préparent à la fatigue de demain ! C'est que le père commun des hommes a voulu qu'il y eût un peu de bonheur pour tous ! Il jette une oasis au désert ; il suspend une fleur sur l'écueil battu des tempêtes ; sous l'épine déchirante il a caché la rose au doux parfum ; pour les cœurs brisés il a fait l'espérance.

Ces pauvres gens, pour qui la fatigue est un état habituel, trouvent un bonheur véritable dans la suspension de leurs travaux. Ce moment de repos ou plutôt de liberté qu'ils donnent à leurs bras laborieux, ces simples aliments qui raniment leurs forces épuisées, ces entretiens et ces jeux qui les mettent en rapport les uns avec les autres, leur procurent des jouissances qui seront toujours inconnues au riche indolent. Prenez donc courage, ô vous enfants des chaumières ! Si, tout jeunes encore, vous gagnez laborieusement votre pain, si des mets délicats, des vêtements élégants, des jouets coûteux, vous sont refusés, rappelez-vous que, au lieu de ces biens futiles, Dieu nous donne presque toujours des biens infiniment préférables, la santé, la bonne humeur, et surtout plus d'industrie, de force d'âme et de persévérance que n'en aura jamais l'enfant dont le luxe a entouré le berceau, dont on s'est fait une loi de prévenir tous les désirs et tous les caprices !

Après avoir pris part durant quelques instants à la joie bruyante qui régnait dans sa maison, M. de Montrol s'était retiré dans un appartement reculé de son antique manoir ; et sa fille, assise sur ses genoux, lui disait : Papa, la récolte des raisins est bien belle cette année, n'est-ce pas ?

M. DE MONTROL.

Oui, mon enfant ; il y a plus de dix ans que je n'en ai vu une aussi abondante. Maintenant il nous reste deux devoirs à remplir. Le premier est de remercier Dieu, qui a daigné bénir nos travaux ; le second, de récompenser un zélé serviteur.

VALÉRIE.

Papa, tous les vendangeurs ont déjà reçu leur salaire ; Mathurin les a payés.

M. DE MONTROL.

Je ne parle pas des vendangeurs, mais de Mathurin lui-même, qui, pendant toute l'année, a soigné mes vignes avec un zèle, une activité et une intelligence remarquables.

VALÉRIE.

Papa, quoique je voie travailler aux vignes tout le cours de l'année, je ne sais pas trop ce qu'on y fait jusqu'au moment des vendanges. Voulez-vous me le dire?

M. DE MONTROL.

Très volontiers, ma petite... Mais, tiens, voilà quelqu'un qui te le dira au moins aussi bien que moi.

VALÉRIE.

Venez, venez, Mathurin. Dites-moi comment on fait venir les raisins.

MATHURIN.

Eh! ma chère demoiselle, à présent qu'ils sont dans les cuves, c'est fini pour cette année.

VALÉRIE.

Mais vous allez commencer vos travaux pour préparer la récolte de l'année prochaine. Dites-moi, je vous prie, mon cher Mathurin, qu'allez-vous faire pour cela?

MATHURIN.

D'abord, nous allons *tailler la vigne*, c'est-à-dire que nous couperons toutes les branches, à l'exception d'une seule ; du moins c'est ainsi que cela se pratique pour les ceps qui donnent l'espèce de raisins la plus généralement cultivée dans ce pays-ci. Puis on attend un temps pluvieux pour faire la seconde opération, qui consiste à courber en cercle la branche unique qu'on a laissée et à l'attacher solidement avec un osier On appelle cela *lier* la vigne. Ensuite on *provigne,* c'est-à-dire qu'on remplace les ceps qui sont vieux et ceux qui ont péri par accident. Voici comment on s'y prend ordinairement : on choisit une souche qu'on destine à donner de nouveaux plants ; on creuse au pied de cette souche un fossé de forme triangulaire, et l'on couche l'arbuste dans le fossé, en prenant soin de faire aboutir à chacun des trois angles une branche qui, l'année suivante, devient un cep jeune et vigoureux. On répète cette opération partout où l'on voit des places vides ou des ceps qui doivent être remplacés (1).

Dans la semaine de Pâques, nous commencerons à *fouir ;* aussitôt que cet ouvrage est fait, il faut *biner,* autrement dit *fouir une seconde fois.*

A la fin de mai, on commence ordinairement à *épamprer;* ensuite on *sarcle.*

Enfin, le deuxième dimanche de juin, on fait dire une messe à la chapelle de *Notre-Dame ;* on prie bien dévotement la bonne Vierge de détourner les orages et la grêle. Et puis on attend avec confiance que le raisin soit mûr.

VALÉRIE.

Et le blé, comment le fait-on venir?

MATHURIN.

Ma foi, Mademoiselle, il faudrait demander cela à mon frère Joseph, que M. votre père a pris pour fermier de son domaine *du Caume* (2). Moi, je suis vigneron, et voilà tout.

M. DE MONTROL.

N'as-tu pas vu, quand nous étions à Beauregard, des bœufs traîner lentement une charrue, et, guidés par un homme armé d'un long bâton que terminait un fer acéré, tracer dans la terre des sillons réguliers? Tu sais bien que cela s'appelle labourer ; eh bien ! nos

---

(1) Ces détails sont locaux et appartiennent aux montagnes de l'Aveyron, d'où l'auteur prend ses inspirations.

(2) La nature du sol qu'habitait Valérie est fort variée. Il existe une foule de noms vulgaires qui en désignent les diverses espèces. Dans la partie appelée le Caume, la terre est calcaire. Cette partie est celle où l'on cultive presque exclusivement le froment.

fermiers du Caume sont dans l'usage de sillonner ainsi trois fois les champs de froment avant de les ensemencer. Après le troisième labour, ils répandent le grain sur la terre et le couvrent légèrement avec la charrue. On sème le seigle à peu près de la même manière.

Le froment et le riz sont les deux végétaux dont les hommes font le plus grand usage. Dans tout le Levant, on consomme encore plus de riz que de froment. Au reste, Dieu nous a donné un grand nombre de ces végétaux farineux, qu'on regarde comme les aliments les plus salubres. Le seigle, le maïs, le blé-sarrasin, les pommes de terre, remplacent dans beaucoup de pays le froment et le riz. Les châtaignes peuvent aussi en tenir lieu. Enfin, dans certains pays croît un arbre dont le fruit remplace très bien notre pain.

VALÉRIE.

Papa, il me semble que Beauregard est un fort joli endroit ; la maison est toute neuve et toute blanche ; pourquoi ne l'habitons-nous pas au lieu de Montrol, qui est si vieux et si noir ?

M. DE MONTROL.

Montrol appartient depuis longtemps à ma famille. Mille souvenirs me le rendent cher. C'est ici que j'ai vu le jour ; c'est ici que s'est écoulée mon enfance ; c'est ici que reposent mon père et plusieurs de mes aïeux ; c'est ici que tu es née, ma Valérie ! Tu es trop petite encore pour savoir avec quelle force de pareils liens étreignent le cœur et nous attachent à une propriété ! Tu le sauras un jour sans doute : ces sentiments sont dans la nature.

VALÉRIE.

Je comprends déjà un peu, papa ; car, malgré ce que je disais tout-à-l'heure, je crois, en y pensant bien, que je m'ennuierais à Beauregard si j'y restais longtemps. Je me suis aussi bien ennuyée à la ville, et je ne me plais nulle part autant qu'à Montrol.

M. DE MONTROL.

Cet amour, ce besoin du sol natal, est pour quelques nobles cœurs une passion dévorante, insurmontable. Il faut la satisfaire ou en mourir. Je me rappelle avoir lu l'histoire attendrissante d'une jeune française que cette héroïque faiblesse conduisit au bord du tombeau. Son âme, qui avait supporté les plus affreux malheurs, ne put supporter l'exil. Après la mort tragique de tous les siens, échappée presque miraculeusement, cette jeune personne était en sûreté et entourée des tendres soins de l'amitié, dans une petite ville de l'Allemagne: mais bientôt on la vit dépérir : sa raison sembla se troubler ; ses yeux, noyés de larmes, étaient sans cesse fixés sur une esquisse qui lui retraçait la rustique maison où elle était née sur les rives de la Loire ; ses lèvres, pâles et convulsives, ne laissaient échapper que ces mots, articulés lentement et avec l'accent le plus douloureux : *Oh! la France ! je veux revoir la France !*

Un habile médecin, appelé auprès de la jeune malade, déclara qu'il fallait la renvoyer dans son pays, ou se résoudre à la voir expirer dans peu de jours. « En vain mille dangers l'attendent en France, dit le savant docteur ; il faut qu'elle parte. On peut, à

» l'aide d'un déguisement, d'un faux nom, espérer de
» tromper des bourreaux : quelques chances de salut
» nous restent enfin. Mais il n'en est aucune contre
» le sort qui l'attend ici ; ce mal qui consume sa vie,
» ce mal de l'exil, est sans remède, et les souf-
» frances qu'il cause sont inouïes. »

En effet, la noble jeune fille fut reconduite en France, et presque à l'instant se trouva guérie.

Un des plus grands poètes de nos jours, forcé de quitter son pays, où son âme ardente n'avait trouvé que de cruelles déceptions, et finissant, après de longues douleurs, son errante destinée, n'a point dit comme le Romain : *Ingrate patrie, tu n'auras pas mes os !* Il a voulu que son cercueil, voyageur comme lui, traversât les mers pour aller reposer près de son berceau.

Les chantres inspirés de Sion ont des accents d'une tristesse ineffable et d'une mélodie surhumaine, quand ils pleurent son exil.

Beaucoup de poètes modernes ont essayé de s'inspirer par la méditation de ce sublime sujet. Quelques-uns ont fait entendre des accords immortels qui retentiront dans les siècles, comme ceux de la harpe de David.

Mais la lyre la moins retentissante, la plus humble, trouvera, pour déplorer les maux de l'exil, des sons touchants par leur mélancolie.

SEPTIÈME ENTRETIEN.

C'ÉTAIT au commencement de novembre ; l'air était doux encore dans les vallons. Chaque jour le soleil, après s'être réveillé dans des flots de vapeurs, se dégageait au bout de quelques heures de ces humides voiles, et ses rayons tombaient chauds et brillants sur les coteaux dépouillés de leur verdure, mais que décoraient encore

Des pampres jaunissants les molles draperies (1).

Elvire et Valérie aimaient en ce moment délicieux à parcourir les hauteurs et à dessiner les sites pitto-

(1) M. Herminac.

resques des environs de Montrol. Mais dès que l'ombre, après avoir couvert le vallon, montait et déroulait ses noirs replis sur les flancs rougeâtres des collines, un vent piquant se faisait sentir, et nos deux amies, abrégeant leur promenade, couraient prendre place autour du large foyer où pétillait le sarment aux flammes vives et légères, et où brûlaient la houille bitumeuse et le cep longtemps desséché.

Alors commençaient les lectures intéressantes, les longs récits, les doux entretiens. Aimable saison, où l'on jouit des champs comme en été, et des charmes du coin du feu comme en hiver.

Depuis quelques mois, Valérie, attentive à tout ce qui s'offrait à ses regards, paraissait jalouse d'acquérir de nouvelles connaissances. Heureuse d'avoir à remercier Dieu de quelque bienfait nouveau, elle demandait à son amie le nom, l'usage, l'origine de chacun des objets qu'elle remarquait dans sa petite excursion. Et quel pays peut offrir plus d'aliment à la curiosité studieuse que celui qu'Elvire et Valérie parcouraient ainsi tête-à-tête et le crayon à la main ! « Il n'est pas
» un coin dans le Rouergue qui ne présente des phé-
» nomènes intéressants. L'étude de l'histoire naturelle
» de cette petite province serait une occupation bien
» douce pour un homme de lettres qui pourrait dispo-
» ser à son gré de l'emploi de son temps. Quoi de
» plus capable, en effet, de satisfaire la curiosité d'un
» observateur que ces diverses mines d'argent, de
» cuivre, d'alun, de vitriol, de fer, et même d'or,
» qu'on exploita si longtemps dans cette province, et
» dont certaines faisaient, dans les premiers siècles,

» au rapport de Strabon, la ressource principale des
» Ruthènes ? Quelle étude plus attrayante que celle
» de ces arbustes, de ces simples de toute espèce qui
» tapissent nos montagnes ; de ces coteaux qui sont
» toujours couverts de feu et de fumée, qui brûlent
» depuis tant d'années dans certains cantons du Rouer-
» gue ; de l'intérieur de ces grottes profondes, par
» lesquelles on semble pénétrer dans les entrailles de
» la terre, pour lui dérober les secrets de la végéta-
» tion ou pour contempler les routes cachées des fon-
» taines et des ruisseaux !.........

» Telles sont les grottes de Salzac, de Saint-Lau-
» rent, de Nodelle, de Salles, du Vabrais, de l'Estang,
» près de Saint-Saturnin, où l'on trouva, il y a quel-
» ques années, une tête d'homme parfaitement pétri-
» fiée. Dans plusieurs lieux du Rouergue, le sol sem-
» ble être soutenu sur les voûtes de ces immenses
» souterrains, et souvent l'on entend sous les pas des
» chevaux un bruit sourd résonner dans le sein de la
» terre (1). »

Un jour, nos deux amies fatiguées d'une promenade
beaucoup plus longue qu'à l'ordinaire, s'arrêtent quelques moments au bord d'un ruisseau d'une pente rapide, et d'une eau si transparente qu'on pouvait compter les moindres brins de mousse, les plus fins grains
de sable sur lesquels il se brisait en cascades de diamants.

Valéric admira la limpidité de cette onde, et demanda où elle prenait sa source.

(1) *Mémoire pour servir à l'Histoire du Rouergue*, par M. Rose,
ancien professeur au collége de Rhodez.

ELVIRE.

Dans les montagnes de..... Ma chère amie, ces montagnes, formées de rochers calcaires, donnent naissance à un grand nombre de ruisseaux, remarquables comme celui-ci par la pureté, la bonté, et surtout par l'abondance de leurs eaux.

VALÉRIE.

Calcaire! voilà un mot que je t'ai entendu prononcer souvent. J'avais oublié de te demander ce qu'il signifie.

ELVIRE.

Il signifie susceptible d'être réduit en chaux. Des pierres calcaires sont des pierres qui renferment de la chaux et qu'on réduit en cette matière par l'action du feu. Tu sais bien que la chaux est une substance blanche et fort âcre qu'on emploie dans les ouvrages d'architecture, dans la fabrication du verre, etc.

VALÉRIE.

Oui, je l'ai vu employer quand on a bâti le pavillon du fond du jardin. Mais il y a donc plusieurs espèces de pierre ? Y a-t-il de même plusieurs espèces de terre ?

ELVIRE.

Sans doute. N'entends-tu pas chaque jour les agriculteurs nos voisins désigner les qualités des diverses terres qu'ils cultivent par une foule d'expressions qui se rapportent ou à la couleur de ces terres ou à la nature de leurs productions végétales ou minérales ? Ainsi ils donnent les noms de *terres noires*, de *terres rouges*, de *terres graves* ou *graviers*, « de *causse*, de se- » *gata*, de *valunes*, à des terrains que les naturalistes

» désignent mieux sous les noms de *terres volcaniques,*
» *terres de mines, terres végétales, sablonneuses, cal-*
» *caires, graniteuses, schisteuses* (1). »

VALÉRIE.

Veux-tu m'expliquer le nom de toutes ces terres?

ELVIRE.

Puisque cela paraît t'intéresser, je le ferai volontiers.

Je t'ai dit quelle est la planète que nous habitons, mais je ne t'ai pas encore parlé des diverses substances dont elle est formée ; je n'ai moi-même sur ce sujet intéressant que des connaissances bien bornées, que je m'efforce, comme tu le sais, d'étendre chaque jour par des études assidues. Enfin je vais t'en dire le peu que j'en ai appris.

« La terre se compose de *couches* et de *bancs* de
» diverses matières, du moins quant à sa surface.
» L'intérieur du globe ne nous est pas connu. Le gra-
» nit semble former une voûte autour de la terre. En
» effet, les plus grandes chaînes de montagnes et les
» terrains les plus étendus reposent sur des blocs de
» granit. »

VALÉRIE.

Qu'est-ce que c'est que le granit?

ELVIRE.

Une pierre grisâtre et fort dure. Les montagnes granitiques sont appelées montagnes *primitives* ou *primordiales,* parce qu'elles ne sont point comme les autres mêlées de débris, et que par cette raison on pense

______

(1) *Mémoire pour servir à l'Histoire du Rouergue.*

5..

avec fondement qu'elles existent depuis le commencement du monde, et telles que le bon Dieu les a créées. Les terrains secondaires sont les terrains formés par suite de divers événements qui ont bouleversé le globe, et dont le plus important est, ainsi que je te l'ai déjà dit, le déluge universel, qui arriva quinze cents ans après la création.

Ces terrains secondaires se composent de débris des terrains primitifs mêlés avec des débris d'animaux et de végétaux qui existaient, à ce qu'on croit, avant ces grandes révolutions de la nature.

VALÉRIE.

Tu m'as déjà dit, ma chère Elvire, que la mer, en se retirant des sommets de plusieurs montagnes, qu'elle avait quelque temps couvertes, avait laissé des amas de coquillages qu'on trouve encore pétrifiés. Mais, tiens, je ne puis pas croire cela.

ELVIRE.

Il m'est facile de t'en donner des preuves; nous irons quelque jour sur la montagne de *Caussenoir*, près de M... « On y trouve une infinité de coquilles et de
» poissons fossiles de toute forme et de toute grandeur;
» quelques-unes ne sont pas plus grosses que des fè-
» ves, d'autres ont un pied de large et une longueur
» proportionnée. La figure n'en est pas moins variée
» que la grosseur. Les unes ressemblent à un petit
» vaisseau, les autres présentent la forme d'une trom-
» pette : plusieurs sont contournées en volutes à plu-
» sieurs spirales qui vont en s'élargissant d'un côté,
» et qui de l'autre se terminent en pointes ; quelques-
» unes sont rayées en forme de peigne à cheveux, et

» ressemblent assez à ces coquillages dont se chargent
» les pèlerins de Saint-Jacques; d'autres ont la forme
» d'un manche de couteau (1). »

La matière dans laquelle se trouvent le plus ordinairement ces vestiges d'animaux de la mer s'appelle *spath calcaire*.

VALÉRIE.

Que signifie ce mot si drôle, *spath ?*

ELVIRE.

Spath est un mot allemand qui désigne plusieurs pierres cristallisées, mais plus particulièrement ce qu'on appelle en terme de chimie le cristal de carbonate de chaux, substance célèbre par la propriété qu'elle a de doubler les images qu'on regarde à travers. La même propriété se trouve dans d'autres pierres ; mais c'est dans celle-là qu'on l'a d'abord observée. Au surplus, le *spath calcaire* ne diffère des marbres et des pierres à chaux les plus communes que parce qu'il s'est formé plus paisiblement. Cette matière forme dans la terre des bancs très étendus. La craie, la pierre à bâtir, le marbre, les concrétions ou stalactites, l'albâtre, appartiennent à cette substance.

VALÉRIE.

Cette boîte blanche que mon parrain m'a donnée, n'est-elle pas en albâtre ?

ELVIRE.

Non, ce n'est pas de l'albâtre véritable. Cela ressemble beaucoup à une sorte de pierre que les minéralogistes appellent *alabastrite*. On en trouve près d'ici et justement dans ces montagnes calcaires où le joli

(1) *Mémoire pour servir à l'Histoire du Rouergue.*

ruisseau que tu vois prend sa source, et desquelles je parlais tout à l'heure.

VALÉRIE.

Précisément... Mon parrain m'a dit en riant qu'il avait ramassé la boîte qu'il me donnait sur les montagnes de M...

ELVIRE.

Cette pierre se taille facilement, et prend, comme tu le vois, un poli approchant de celui du plus beau marbre. J'ai vu de charmants petits meubles faits avec cette matière, entre autres des vases qui orneraient fort bien une cheminée; ils sont d'un blanc de nacre, assez transparents pour qu'on lise facilement, à quelques pas de distance, à la lueur d'une bougie renfermée dans un de ces vases.

VALÉRIE.

Je voudrais bien les voir, ces vases.

ELVIRE.

On m'a montré non loin d'ici une chose bien curieuse encore. C'est une de ces mêmes pierres à laquelle la nature a donné une figure si belle et si régulière qu'on la croirait travaillée par le ciseau d'un statuaire. Elle représente une femme tenant un enfant entre ses bras et ayant sur la tête une couronne d'étoiles.

VALÉRIE.

C'est donc une sainte Vierge?

ELVIRE.

Cette figure a en effet l'attitude qu'on donne ordinairement aux images de la vierge Marie.

En causant ainsi, nos deux amies, quittant les

bords du ruisseau, étaient entrées dans un bois de chênes antiques dont les rameaux, flétris par l'automne et agités en ce moment par une froide bise, jetaient autour d'eux comme une pluie de feuilles sèches et mortes qui se froissaient sous leurs pas avec un bruit mélancolique. Parmi ces arbres majestueux, on en remarquait un qui semblait être le doyen et le roi de la forêt; une de ses racines avait pris une forme circulaire, et de cette racine avaient surgi cinq rejetons qui, grandis autour de leur père, semblaient appuyer sur ses robustes bras leurs fronts déjà superbes, et formaient avec lui un berceau où les pâtres trouvaient un abri contre le soleil brûlant de l'été et les vents glacés de l'automne.

C'est ici, dit Valérie, que j'aimerais à voir la vierge d'albâtre.

ELVIRE.

Tu as raison ; la niche serait digne de la madone ; ces deux singularités, dans l'ordre végétal et dans l'ordre minéral, se feraient reluire l'une par l'autre.

VALÉRIE.

Avec quoi fait-on les belles statues que tu as vues à Paris, Elvire, et dont tu me parles souvent ?

ELVIRE.

On en fait de bronze, de pierre, mais surtout de marbre.

VALÉRIE.

Nous avons du marbre dans ce pays-ci, n'est-ce pas ?

ELVIRE.

Il y en a dans presque tous les départements de

la France. Celui des carrières de F** et de la P**, à quelques heures d'ici, est d'une qualité inférieure et ne peut servir qu'à faire des meubles assez communs. Celui de C** est supérieur ; mais je crois que le seul marbre statuaire que l'on puisse trouver en France est dans les Pyrénées.

La plus grande partie de celui qu'emploient nos artistes vient de l'Italie. Ce pays possède des carrières de la plus grande richesse, et qui donnent une grande variété de ce minéral précieux pour les arts. C'est l'Italie, c'est Carrare, qui a donné à notre illustre compatriote (1) ce marbre qui, sous son ciseau, s'est transformé en cette touchante Magdeleine qu'on ne peut voir sans que le cœur se trouble, sans que les yeux se mouillent de pleurs.

Heureuse la main qui sait ainsi frapper de vie la pierre insensible, faire resplendir une âme sur tout ce qu'elle touche ! Heureux le sol qui fournit au génie les matériaux de ces œuvres immortelles ! Paros et Carrare me semblent bien mieux dotés que le Pérou et le Chili.

VALÉRIE.

Elvire, tu ne pourrais pas me la faire voir, cette Magdeleine ?

ELVIRE.

Tiens ! en voici une faible image, une ombre.

Elvire ouvrit un album et montra à Valérie un croquis au-dessus duquel on avait tracé ces lignes :

____

(1) M. Gayrard, à qui l'on doit entre autres chefs-d'œuvre une *Diane au bain*, morceau admirable qui orne actuellement le musée de Versailles.

Emu de ta douleur et ravi de tes charmes,
D'extase en te voyant le cœur est enivré.
Celui qu'au désespoir le crime avait livré
Retrouve à ton aspect le don des saintes larmes :
Il ose encor bénir, croire, aimer et gémir.
Il embrasse à la fois la croix et l'espérance,
Et du ciel apaisé reçoit un repentir
Plus beau que la vertu, plus doux que l'innocence.

Les carrières de Paros étaient autrefois célèbres par leurs marbres magnifiques. On les voyait, ces marbres, divinisés par le génie d'Athènes, décorer sa pompeuse enceinte, lui offrir les images de ses dieux et de ses héros. Mais ces carrières ne sont plus exploitées. Les marbres, je te l'ai déjà dit, appartiennent aux matières calcaires; ils se sont formés de débris appartenant au règne animal et que les siècles ont broyés, réunis, cimentés, puis durcis et changés en pierre. Delille, poète des Trois Règnes de la Nature, le dit, en parlant des diverses terres :

L'une, fille des eaux,
Et des marbres divers la nourrice féconde,
Naquit des vieux débris des habitants de l'onde :
Madrépores, coraux, coquilles et poissons,
L'un sur l'autre entassés composèrent ces monts.

Dans la classe des *quartz*, ou *cailloux*, on range les silex ou agathes, et le cristal de roche.

VALÉRIE.

Quoi ! le cristal, cette matière si brillante et qui semble si fragile, se trouve aussi dans la terre?

ELVIRE.

Et ce qui l'étonnera plus encore, c'est qu'on y trouve aussi le sel.

VALÉRIE.

Je croyais t'avoir entendu dire qu'on le retirait des eaux de la mer?

ELVIRE.

Il y en a effectivement qu'on appelle *sel marin*, et qu'on obtient en faisant évaporer l'eau de la mer qui le tient en dissolution ; mais celui qu'on nomme *sel gemme* se trouve par masses énormes dans le sein de la terre. Cette substance est d'une extrème utilité ; aussi la bonté divine l'a-t-elle répandu sur le globe avec une extrème profusion. Nous avons en France plusieurs mines de sel gemme près de la petite ville de**. En Espagne, il y a une montagne de sel haute de plus de cinquante pieds. On pense que ces substances salines sont des dépôts laissés par la mer dans des lieux qu'elle a quelque temps couverts. Parmi ces mines, il n'en est point de plus remarquables que celles de Wiliska, en Pologne. Elles ont, dit-on, neuf cents pieds de profondeur, et l'on ne sait pas jusqu'où s'étend dans l'intérieur de la terre la masse de sel dans laquelle on les a creusées. Elles ont plusieurs étages, et l'on y a pratiqué trois chapelles où l'on célèbre l'office divin à certains jours de l'année. Les ouvriers qui y travaillent y ont construit des maisons et des magasins où ils serrent leurs outils. Les maisons, les chapelles, et tous les ornements qui décorent ces derniers édifices sont en sel. On a fait beaucoup de descriptions des carrières de Wiliska.

On trouve beaucoup de sel gemme en Hongrie et dans quelques parties de l'Allemagne, notamment près de Salsbourg, qui en tire son nom.

Je t'ai parlé des coquillages et autres animaux fossiles qu'on trouve près d'ici. Les végétaux aussi se
décomposent et changent de nature. Les nombreuses
et riches mines de houille que renferme ce départe-
ment étaient jadis de grands bois. Des débris de végétaux se trouvent souvent dans les charbons de terre.
Ces beaux arbres qui balancent sur nous en cet instant leurs branches séculaires seront peut-être un jour
de noires pierres bitumineuses, et reposeront enfouis
sous le sol qui leur prodigue à présent les sucs précieux dont ils se nourrissent.

VALÉRIE.

Et trouve-t-on quelquefois des plantes fossiles dans
le charbon de terre?

ELVIRE.

Je l'ignore ; mais je crois que ces vestiges se ren-
contrent fréquemment dans les ardoises. Comme j'aime
à te parler surtout de ce qui a rapport aux lieux où
nous sommes nées, je te citerai les lits d'ardoises qui
s'étendent sur les montagnes de la V** ; leurs feuil-
lets offrent souvent la figure d'une sorte de fougère
américaine. On dit que les vestiges de ce même arbris-
seau se découvrent dans les ardoises de Saint-Bel, près
de Lyon.

VALÉRIE.

Je ne puis assez m'étonner que des plantes, des arbres, des coquillages, des poissons, se changent ainsi
en pierre.

ELVIRE.

C'est peu : on a trouvé des animaux fossiles de dimensions énormes, des quadrupèdes plus grands que

l'é éphant qu'on t'a fait voir dernièrement à R*** ; des êtres dont l'espèce s'est perdue, mais que le génie a su deviner et rendre à notre siècle étonné, réunissant laborieusement leurs débris épars au fond des antres inabordés, sous les rochers, et dans les profondes entrailles de la terre.

Ainsi, sur ce globe prodigieux, tout meurt, mais rien n'est détruit. Les plus faibles des êtres sortis des mains de l'Eternel semblent participer de son éternité. En cessant de vivre de leur vie animale et végétale, l'arbre, la fougère, le madrépore, l'insecte, reparaissent sous une autre forme, et jouissent d'une autre espèce d'existence.

VALÉRIE.

Et nous, qui sommes aussi des ouvrages de Dieu, que devenons-nous quand nous sommes morts?

ELVIRE.

La poussière retourne à la poussière ; c'est-à-dire que notre corps, composé à peu près des mêmes éléments que celui des animaux, se décompose de même. Il tombe en dissolution, et sert d'aliment aux vers dévorants de la tombe... ou nourrit les herbes parasites qui croissent dans les cimetières. Mais n'importe : nous pouvons dire que nous ne mourons pas, car *l'esprit retourne à l'esprit, et la vie retourne à la vie ;* ce qui nous fait ressembler à Dieu : notre âme, qu'il créa à son image, est immortelle comme lui.

VALÉRIE.

Et que devient-elle, cette âme?

ELVIRE.

Créée libre, elle est récompensée ou punie, selon l'usage qu'elle a fait de cette liberté. Si elle a aimé et adoré Dieu, son créateur ; si elle a constamment suivi les inspirations du guide intérieur qu'il lui a donné, je veux dire cette conscience qui parle si haut lorsqu'on veut l'écouter, et qui nous crie sans cesse : *ceci est bien, ceci est mal ;* si elle peut enfin se présenter devant Dieu sainte et pure comme elle est sortie de ses mains, notre âme va dans le ciel, où elle voit Dieu *face à face,* nous dit-il lui-même, et où elle jouit d'un bonheur si grand que nous ne pouvons nous en faire aucune idée tant que nous sommes sur la terre.

VALÉRIE.

Mais ceux qui n'ont pas été bons, que deviennent-ils ?

ELVIRE.

L'âme qui, oubliant ou méconnaissant sa sublime origine, a dégradé en elle-même l'œuvre et l'image de Dieu, est à jamais bannie de sa présence, à jamais et immensément malheureuse.

VALÉRIE.

Et quand on s'est converti, ne va-t-on pas au ciel ?

ELVIRE.

Oh ! si, mon amie ; l'âme qui a failli, mais qui, par un sublime effort, se relève de sa chute et se replace à la hauteur où Dieu voulut qu'elle fût lorsqu'il la créa à sa ressemblance, cette âme redevient belle à ses yeux, et il la récompense par une félicité sans bornes.

Nous en voyons la preuve dans l'histoire de la Magdeleine et dans la parabole de l'Enfant prodigue.

VALÉRIE.

Les animaux ont-ils aussi une âme?

ELVIRE.

La sainte Ecriture les appelle *une âme vivante;* mais l'âme de ces animaux n'est pas de la même nature que la nôtre. Nous la désignons ordinairement sous le nom d'instinct. Nous ne savons pas au juste quel degré d'intelligence Dieu a donné aux animaux : mais il est certain qu'ils ne sont pas, comme nous, libres de discerner le bien et le mal. C'est pourquoi ils ne sauraient être ni récompensés ni punis.

Mais nous causerons de cela dans notre promenade. Cette cloche nous avertit qu'il est temps de rentrer.

VALÉRIE.

Eh oui ! c'est la cloche du souper.

Durant le repas du soir, la petite fille ne manqua pas de demander d'où provenaient et comment étaient faits chacun des meubles qui couvraient la table.

— Ces fourchettes d'argent, ces petites cuillers en or, papa, disait-elle, ces couteaux si antiques, à manche de cuivre, à lame de fer, n'est-ce pas que tout cela appartient au règne minéral?

— Oui, ma petite minéralogiste, répondait en souriant M. de Montrol.

VALÉRIE.

Ne vous moquez pas de moi, mon cher papa, je veux savoir d'où vient tout cela.

M. DE MONTROL.

Je vais te l'apprendre, ma chère amie. Ta cousine Elvire t'a déjà parlé de la structure du globe terrestre. Tu sais maintenant qu'il est composé de *bancs* de roches de diverses espèces, et de *couches* de terres différentes entre elles. Eh bien ! au milieu de ces rochers et de ces terres, il y a des fentes, des crevasses irrégulières qu'on appelle *filons*, et qui souvent sont remplies de matières métalliques. C'est ainsi que sont placés dans la terre l'or, l'argent, le fer, le cuivre, l'étain et tous les métaux.

VALÉRIE.

Et dans quel pays touve-t-on l'or et l'argent, papa ?

M. DE MONTROL.

Plusieurs contrées de l'Europe ont des mines d'or. Il y en a en Espagne, en Hongrie, en Suède. Il fut un temps où l'on exploitait des mines de ce précieux métal en France, et même dans le canton que nous habitons. Nous lisons dans nos vieilles archives que les comtes souverains de cette province faisaient battre monnaie avec l'or et l'argent des mines qu'ils possédaient dans leurs domaines ; mais depuis la découverte de l'Amérique on a cessé cette exploitation, parce que les mines d'or de l'Europe ne sont rien en comparaison de celles du Nouveau-Monde, et surtout de celles du Pérou.

L'argent n'abonde que dans la partie de l'Amérique située sous la zone torride. Le fer est assez commun en Europe. Tu sais qu'il y a à quelques lieues d'ici un grand et magnifique établissement pour l'exploitation de ce métal si utile.

L'étain est beaucoup plus rare en Europe ; mais on le trouve abondamment dans l'Inde, au Japon, et dans l'Amérique méridionale. C'est encore l'Amérique et l'Afrique méridionales qui renferment en plus grande quantité le cuivre et divers autres métaux qui servent à notre usage. Le platine, métal très lourd, qui tient à la fois de l'or et de l'argent, et qu'on nomme aussi or blanc, y est abondant. Quelques départements de la France ont des turquoises.

VALÉRIE.

Et les perles, se trouvent-elles dans la terre ?

ELVIRE.

Non, mon amie, les perles se forment dans certaines espèces de coquillages. Dans l'antiquité, on a cru que les perles étaient des « gouttes de rosée recueillies » au mois de mai à la surface des eaux sur les ani-» maux qui les produisent. Quelques naturalistes ont » imaginé que les perles étaient un animal à coquilles » croissant dans un autre. Plusieurs savants pensent » que la perle est une concrétion morbifique prove-» nant de la piqûre faite aux coquilles, et ils se fon-» dent sur ce qu'on peut faire naître artificiellement » des perles en perçant des trous dans la coquille » des huîtres ou des moules qui les contiennent (1). »

Les perles se dissolvent dans les acides. On raconte que Cléopâtre, c'est le nom d'une reine d'Egypte très fameuse, fit fondre dans du vinaigre une perle d'un

(1) **Les Trois Règnes.**

prix inestimable, et qu'elle l'avala pour prouver sa magnificence.

VALÉRIE.

J'aurais bien mieux aimé m'en parer. C'est une bien belle chose qu'une parure de perles, mais les diamants sont plus beaux encore. Est-ce qu'on les trouve aussi dans les coquilles, papa ?

M. DE MONTROL.

Non, ma fille. On a cru longtemps que les diamants étaient une espèce de cristal de roche ; mais un savant illustre, le grand Newton, annonça que le diamant était une matière combustible ; et plusieurs expériences ont prouvé que cette assertion était vaie.

VALÉRIE, regardant autour d'elle.

Papa, les trois règnes de la nature ont été mis à contribution pour décorer ce salon, tout simple qu'il est, n'est-ce pas? Cette pendule d'albâtre, ces chandeliers d'argent, la pelle, la pincette, les serrures de porte, nous sont donnés par le règne minéral ; cette table, ces chaises, ce fauteuil, je sais fort bien que cela vient du règne végétal ; et ce tapis, il est fait avec de la laine, et la laine vient sur le dos des moutons; voilà pour le règne animal. Mais ces rideaux de soie, je ne sais pas vraiment à qui nous les devons.

M. DE MONTROL.

A un petit insecte. N'as-tu pas vu chez Mme D. des vers à soie ?

ELVIRE.

Oui, papa, ces petits vers qui font des petites pelotes blanches et jaunes ?

M. DE MONTROL.

Eh bien ! la soie que tu as vue ainsi en pelotes, après qu'elle a été travaillée, filée et tissée, forme les étoffes somptueuses dont on fait des meubles et des habits. Mais il est temps d'aller se reposer, ma chère enfant ; tu sais que nous devons partir demain pour aller visiter ton grand-oncle.

Le lendemain du jour où cette conversation avait lieu, les habitants de Montrol entreprirent un petit voyage.

Une antique berline fut préparée pour cette occasion : mais bien souvent on allait à pied, admirant les sites variés qui s'offraient à chaque instant aux regards, examinant avec une curieuse attention les pierres qu'on foulait sous ses pas, cueillant les fleurs que le printemps semblait avoir oubliées dans quelques lieux abrités où n'avaient pu les atteindre les vents meurtriers de l'automne. L'absence de M. de Montrol et de sa fille ne devait durer que peu de jours.

Elvire s'éloignait pour plus longtemps des lieux où elle était née.

Nos voyageurs remarquèrent sur leur route plusieurs choses dignes de fixer l'attention. Dans une plaine qu'ils traversèrent étaient éparses une infinité de pierres que les naturalistes désignent sous le nom de bélemnites ; lorsqu'on les fait chauffer sur un charbon ardent, elles exhalent une forte odeur de soufre. Quelques savants croient qu'elles se forment dans les nues, et qu'elles tombent avec le tonnerre; d'autres les regardent comme une sorte de coquillages pétrifiés. Dans un autre lieu, Valérie vit avec étonnement un grand nombre de ces monuments qu'on trouve fréquemment dans la contrée qu'elle habitait, et qu'on croit être des autels druidiques.

Après deux jours de route qui s'écoulèrent bien rapidement, on arriva au pied de la montagne terme du voyage, et l'on commença à monter par une pente encore assez douce. On n'était pas encore parvenu à une grande hauteur, lorsque le ciel se chargea de lourds et épais nuages qu'un vent humide poussait les uns contre les autres, et presque aussitôt des flocons de neige remplirent l'air et couvrirent au loin la terre autour de nos voyageurs. Plus on s'élevait, plus les flocons tombaient pressés, plus la brise était froide. A une certaine hauteur, on vit le sol couvert d'un pied de neige tombée depuis trois ou quatre jours ; ce tapis glacé s'étendait comme une nappe éblouissante sur les sommets onduleux des montagnes, étagées en amphithéâtre, et dont les plus éloignées se confondaient avec l'horizon.

Valérie admirait ce spectacle pour elle aussi nouveau qu'imposant.

Mais soudain les nuages descendent, ils s'amoncellent, ils sont si bas, qu'on croirait pouvoir les toucher en élevant la main.

Les chevaux marchent avec peine sur la neige épaisse et gelée qui couvre le sol devenu plus glissant. La voiture, allant au pas entre cette route blanche et ce ciel blanc, paraît glisser entre deux grands linceuls. Bientôt les voyageurs furent obligés de la quitter.

M. de Montrol prit sa fille dans ses bras, et l'on s'achemina à pied vers le hameau encore éloigné, et qu'on apercevait à peine, à demi enseveli sous les neiges.

Après une marche assez pénible, les voyageurs se virent dans un lieu élevé, où tout portait la trace de volcans éteints.

De là les regards embrassent un vaste et magnifique horizon, et s'égarent sur quatre provinces, dont chacune offre une riche variété de productions, de sites et de points de vue délicieux ; quatre grandes rivières les parcourent, les fertilisent, les entourent plusieurs fois dans leur marche sinueuse, et leur rapportent les eaux d'une foule de ruisseaux leurs tributaires.

Il est doux, durant les beaux jours, de jouir de ce coup d'œil, de suivre dans leurs bonds impétueux les torrents qui s'élancent du haut des monts et coulent à travers les rochers volcaniques, les vertes forêts, les immenses pâturages. Il est doux de voir ressortir sur le vert foncé des pacages les vives couleurs de ces brillantes fleurs alpines qui s'offrent si nombreuses et si variées aux yeux des voyageurs enchantés.

Il n'est pas moins doux peut-être pour l'âme sensible aux imposantes beautés de la nature de jouir de l'aspect de ce même lieu dans la saison des frimas.

L'éblouissant tapis qui couvrait au loin les montagnes en faisait mieux admirer les gracieuses ondulations. Leurs larges cimes ici supportaient des plaines qui, en ce moment d'un blanc uniforme, semblaient avoir doublé d'étendue ; là étaient des

lacs aux flots d'azur, au lit profond, aux rives pittoresques et hérissées de rocs volcaniques, de cailloux
vitrifiés, de ruines qui attestent qu'en ces lieux fut jadis une cité que la montagne engloutit dans ses entrailles encore brûlantes. Plus loin des torrents, se
brisant sur des rochers, jettent autour d'eux une
vapeur légère et brillante comme un voile de gaze
d'argent.

Une antique forêt bornait la vue d'un côté ; les vents
sifflaient entre les rameaux blanchis de ses arbres séculaires, et l'on croyait distinguer les hurlements des
loups et des ours, mêlés au fracas des vagues, aux longs
mugissements des aquilons furieux.

L'heure était avancée, et le père de Valérie, impa-
tient de la voir abritée sous un toit, hâta sa marche
vers celui où l'attendait l'hospitalité, se proposant de
parcourir, après quelques jours de repos, cette majestueuse et intéressante région.

Une légère colonne de fumée, s'élevant au milieu
de la neige qui couvrait chacun des toits du village,
réjouit le cœur de nos pèlerins.

Ils admiraient, en s'en approchant, ce hameau si
blanc qu'on l'eût cru taillé dans l'albâtre ; l'humble
demeure du pasteur, en qui les pauvres de ces contrées trouvent en autre Fénelon ; l'église avec son
clocher brillant comme une colonne de marbre grec
dont aucune veine, aucune tache n'altère la pure blan-
cheur.

Le parent que M. de Montrol allait visiter habitait
une maison pittoresque non loin du modeste presbytère ; il ne s'y rendait néanmoins que par un sentier
tracé dans l'épaisseur des neiges.

Tout près d'atteindre le toit qu'ils appelaient de leurs vœux, les voyageurs entendirent le son religieux d'une cloche et les aboiements du chien du logis ; puis ils virent briller des lumières qui s'avançaient vers eux, et leur hôte parut, accompagné de deux serviteurs portant pour flambeaux des branches enflammées d'un bois résineux et odorant.

HUITIÈME ENTRETIEN.

Règne animal. — Les chiens du mont Saint-Bernard. — Les vaches à la montagne. — Oiseaux. — Poissons. — Reptiles, etc.

Dans une chambre bien close, auprès d'une cheminée que remplissait le tronc entier d'un chêne embrasé, Valérie, à demi couchée sur les genoux de son père, et entourée de quelques amis de sa famille, faisait à l'un de tendres caresses, offrait à l'autre un prtit ouvrage qu'elle avait fait pour lui, et adressait à tous des questions naïves ; tout ce qu'elle voyait excitait vivement sa curiosité.

Elvire témoigna le désir d'aller, lorsque le temps le permettrait, visiter les ruines de l'ancienne abbaye qu'on voit à peu de distance, et, à propos de ce pieux établissement, elle parla des autres maisons de ce genre, et mentionna le plus célèbre de toutes, l'hospice du grand Saint-Bernard.

Aussitôt Valérie, avec la vivacité de son âge, demanda : *Qu'est-ce que ce grand Saint-Bernard, Elvire?*

ELVIRE.

Je t'ai souvent parlé des Alpes. Le mont Saint-Bernard est un des plateaux les plus élevés de ces montagnes. Il s'appelait autrefois *mons Jovis*, du nom d'une divinité païenne à laquelle on avait consacré en ce lieu un temple célèbre.

Ce séjour est celui des neiges éternelles. Là tout est morne, stérile et glacé. Le froid y est tel que nulle fleur n'y peut éclore, nul fruit n'y peut mûrir, nulle plante n'y peut prospérer. A peine y trouve-t-on quelques mousses décolorées. Nul être humain n'y peut habiter longtemps sans éprouver la fatale influence d'un climat si rigoureux.

Cependant ce lieu désolé était, il y a déjà bien des siècles, un passage fréquenté par les voyageurs, et beaucoup succombaient dans cette périlleuse traversée.

Malheur à celui qui s'égarait dans ses solitudes ! Bientôt il tombait sans force et mourant. Le froid engourdissait ses membres ; ses paupières se fermaient, appesanties par un sommeil de plomb, et il demeurait à jamais endormi sous la neige qui ne tardait pas à le couvrir d'un suaire livide et glacé.

Malheur à celui que surprenait dans sa course aventureuse le tonnerre de la neige, la redoutable avalanche! L'nfortuné sentait en frémissant un sol perfide mugir et se dérober sous ses pas, ou voyait d'un œil égaré fondre sur sa tête la montagne de glace qui venait le pulvériser.

Il fut un temps où la charité chrétienne, toujours prête à soulager toutes les douleurs, s'inquiétait particulièrement des dangers que couraient les voyageurs. A cette époque, plusieurs couvents et hospices s'élevèrent en divers pays, pour offrir à ceux qui passaient abri, secours et protection. — On vit des ordres religieux se former, pour se vouer uniquement aux travaux de la construction et de l'entretien des ponts.

Ce fut dans ce temps que des hommes remplis d'une héroïque charité se résignèrent à habiter la sévère région dont nous parlons, pour consacrer au salut de ceux qui traversaient ces hautes Alpes une vie qu'un dévouement si sublime ne pouvait manquer d'abréger.

Un siècle environ après, un saint prêtre nommé Bernard, habitant de la ville d'Aoste, donna un nouvel éclat à ce monastère qu'il gouverna durant quarante années. Ce grand saint vivait au neuvième siècle. L'institution à laquelle il a donné son nom continue à fleurir dans ces solitudes de glace ; et de loin les voyageurs de ces régions saluent la sainte maison, comme ceux des déserts africains saluent l'oasis ou le palmier que la main de Dieu place sur leur route brûlante.

Les hommes véritablement admirables qui se consacrent à un si pieux ministère sont ordinairement au nombre de vingt-cinq ou trente. Leur supérieur porte le titre de prévôt. Outre la maison dont je viens de te parler, ils en possèdent une autre située dans une température plus supportable. Ils y envoient leurs vieillards, leurs malades, et ceux d'entre eux dont la constitution est trop délicate pour le climat de la maison principale, qui est, dit-on, l'habitation la plus élevée de l'Europe.

Parmi ceux qui restent à la montagne, deux ou trois sortent chaque soir à une certaine heure, et s'en vont chercher dans tous les environs les voyageurs qui pourraient s'être égarés.

Les enfants de Saint-Bernard se font accompagner par des chiens qui les secondent merveilleusement dans leurs pieuses recherches ; ces intelligents animaux semblent animés de la même charité que les généreux solitaires. Ils les précèdent, et, par leurs cris et le bruit d'une sonnette qu'ils agitent à propos, les guident toujours vers le malheureux à qui leurs soins sont nécessaires.

Souvent les chiens vont seuls battre les environs, et leur vue ranime l'espérance dans le cœur de celui qui croyait périr sans secours au milieu de ces déserts.

Par un sentiment de juste reconnaissance, on a conservé les noms et écrit l'histoire de plusieurs de ces héros d'une race fidèle et courageuse.

On voit au musée de Berne le corps empaillé d'un chien nommé Pàris, qui contribua à sauver la vie à une vingtaine de personnes.

J'ai eu occasion de voir dans le monde un jeune Anglais qui m'a assuré avoir été arraché à une mort certaine par un de ces hardis et intéressants animaux.

Celui-ci était à juste titre appelé *Courage*. Je crois qu'il existe encore.

Ces chiens appartiennent à l'espèce des dogues; ils sont grands et forts, et ne reculent devant aucun obstacle. Dociles, caressants, mais en même temps fiers et jaloux de leur indépendance, ils ne peuvent souffrir le poids flétrissant d'une chaîne. Ils errent librement où bon leur semble, et accourent comme un trait au premier appel de leurs maîtres.

Comme on ne recueille rien autour du couvent, les religieux sont obligés d'avoir un assez grand nombre de serviteurs pour envoyer chercher à plusieurs lieues tous les objets de consommation. Ils exercent l'hospitalité avec la plus grande libéralité. Chaque année ils reçoivent et hébergent un très grand nombre de personnes, et leurs revenus, qui sont modiques, ne suffiraient pas à cette dépense; mais assez souvent de pieuses offrandes viennent augmenter leurs ressources.

VALÉRIE.

Que j'aimerais à aller dans ce pays-là! Comme je caresserais ce bon *Courage!*

ELVIRE.

Ces animaux sont vraiment dignes de l'intérêt, je dirais presque de l'amitié de l'homme. J'ai vu un chien d'une autre espèce, un chien de Terre-Neuve, se précipiter dans le Rhône, et en retirer une jeune enfant de cinq ans qui allait périr dans ses flots rapides, où elle était tombée par accident; le chien plongea pour l'aller chercher au fond de l'eau, et vint à bout, mais non sans des efforts incroyables, de la ramener vivante sur le rivage. En la rendant à sa famille éperdue, le fidèle animal semblait partager la joie des parents de cette enfant : il bondissait autour d'eux avec des transports d'allégresse tels qu'on ne lui en avait jamais vu ; il léchait les mains de la petite fille, et puis se plaçait à côté d'elle d'un air de gravité singulière, comme s'il avait acquis le droit de veiller seul désormais à sa sûreté.

Tout le monde connaît la touchante anecdote que Delille raconte en vers harmonieux dans le poème des Trois Règnes de la Nature : Un homme puissant pressait un malheureux de se défaire d'un chien, son seul ami. — Il vous coûte à nourrir, lui disait-il, et vous est bien inutile ; il faut me le céder. — Hélas ! Monseigneur, et qui m'aimera? répondit l'infortuné.

VALÉRIE.

Il avait bien raison ce pauvre homme, et peut-être était-il aveugle encore ; comment aurait-il pu se passer de son chien? Moi, je les aimerai bien, ces pauvres bêtes, maintenant que tu m'as raconté l'histoire de cette petite fille. Mais, dis-moi, cette abbaye dont tu veux aller voir les ruines, était-elle une maison comme l'hospice de Saint-Bernard ?

ELVIRE.

Elle fut fondée dans le même but. Elle était située dans un pays sauvage et où les voyageurs couraient mille dangers. On raconte qu'un chevalier, revenant d'un lointain pèlerinage, fut attaqué par des brigands sur la lisière d'une forêt, et ne se sauva de leurs mains que par une sorte de prodige, après avoir reçu plusieurs blessures et vu périr plusieurs personnes de sa suite.

Mu à la fois par un sentiment de reconnaissance envers la Providence qui l'avait tiré de ce péril, et par une tendre compassion pour les pauvres pèlerins, il résolut de fonder en ce lieu un hospice qui, dans la suite, devint célèbre. Le comte, son souverain, et le pontife de Rome lui permirent de réunir là treize religieux, qui s'engagèrent à servir les pauvres et à exercer l'hospitalité. Ce chevalier se retira du monde et mourut dans la maison qu'il avait fondée, et qui appartint successivement à plusieurs ordres religieux; mais elle eut toujours la même destination. Peu d'années après la mort du fondateur, cette maison réunissait des ecclésiastiques, des chevaliers, dont l'emploi était de servir aux voyageurs de guides et d'escorte, et des dames de qualité qui s'y vouaient aux soins des malades.

VALÉRIE.

Et avait-on là aussi des dogues comme ceux des Alpes ?

ELVIRE.

Il paraît qu'il y en a eu, au moins à une certaine époque.

VALÉRIE.

Il est vraiment bien intéressant d'étudier l'instinct des animaux. Je trouve que La Fontaine a bien raison de dire qu'ils peuvent parfois instruire les hommes ; les chiens du mont Saint-Bernard nous offrent de vrais modèles d'intrépidité et de dévouement.

ELVIRE.

La réflexion est assez juste, mon amie, et me rappelle un gracieux apologue que j'ai lu, il y a bien longtemps, dans un fabuliste anglais. Les expressions, les détails ne sont pas présents à ma mémoire, mais je me rappelle à peu près le sujet et le fond de cette petite fable.

VALÉRIE.

Eh bien ! dis-moi ce dont tu te souviens.

LE BERGER ET LE PHILOSOPHE.

FABLE.

Bien loin des cités et des académies vivait un berger, un vieux berger. Il était heureux. Jamais le désir des richesses n'était venu troubler son bonheur ; jamais la cruelle envie, l'inquiète ambition, ne s'étaient approchées de son âme paisible. L'âge avait blanchi sa tête, et une longue expérience l'avait rendu sage. Que l'été ramenât la chaleur ou l'hiver la froidure, il soignait son troupeau et son champ, et, content de lui et des autres, il bénissait le ciel et gardait sous des cheveux argentés un doux enjouement. Ses heures s'écoulaient rapides, égayées par de joyeux travaux. La prudence et la droiture d'âme de ce bon vieillard lui avaient acquis une renommée qui s'étendait dans les environs, et même fort loin de son village.

Un philosophe profond, un de ces hommes qui consument et leurs jours et leurs nuits à étudier dans les écoles pour apprendre à régler leur vie suivant les lois d'une morale pure, s'en vint un jour trouver dans son humble chaumière le sage du hameau, et d'une voix douce il lui dit : Berger, où donc as-tu appris la sagesse ? As-tu pâli sur des livres et laborieusement consumé l'huile qui nourrit pendant la nuit la lampe des studieuses veilles? As-tu contemplé Rome et l'antique Grèce ? As-tu suivi dans ses vastes recherches le génie des grands hommes? As-tu, jouet d'une étoile ennemie, erré dans les contrées lointaines, sillonné des mers inconnues, des rivages non explorés, et, cueillant des fruits salutaires sur une plante aux rameaux épineux, as-tu employé les loisirs douloureux de l'exil à t'instruire des lois, des mœurs, des vertus des peuples chez lesquels le sort t'avait jeté? Parle, berger : d'où te vient la sagesse qu'on admire en toi?

Le villageois répondit d'un ton modeste : Plus humble et plus heureuse fut ma destinée. Je n'ai point parcouru le sentier glorieux mais ardu de la science ; je n'ai point consumé l'huile qui nourrit la lampe des studieuses veilles ; je ne connais ni Rome ni la Grèce ; j'ignore les langues, les travaux et jusqu'aux noms des hommes illustres qui ont brillé dans les anciens âges ; je n'ai point cherché des peuples nouveaux sur des rivages inconnus.

Tout le peu que je sais, je l'ai appris des humbles créatures dont je suis entouré, je l'ai appris de la nature qui m'a instruit par leur exemple.

L'industrieuse abeille, que je vois chaque jour cueillir un doux nectar au calice des fleurs, me fait aimer le travail ; à son exemple, je remplis exactement ma tâche journalière.

Pourrais-je négliger le soin de l'avenir en présence de la prévoyante fourmi?

Mon chien, mon fidèle Azor, cet ami dévoué entre tous ceux de sa race, m'enseigne le dévouement et la reconnaissance.

Peut on trouver un modèle plus touchant de l'amour maternel que cette poule qui, d'une aile pieuse, réchauffe et protége ses petits nus et tremblotants ?

Voyez l'oiseau de la forêt : avide, il cherche dans les broussailles le grain qui doit nourrir sa famille ; joyeux il porte à ses enfants la pâture qu'ils attendent dans leur couche aérienne, dans ce nid construit avec tant de soin pour cacher leur nudité débile. Cet oiseau de la forêt ne peut-il pas servir d'exemple à un chef de famille ?

De même que les vertus que je dois pratiquer, la nature me fait connaître les vices que je dois fuir. Elle m'apprend à éviter ce qui attire le mépris ou le ridicule.

Je me garde de prendre dans la conversation un ton de hauteur et d'importance ; car, me dis-je, nous détestons le hibou et sa maussade gravité.

J'ai appris à tenir souvent ma bouche close et ma langue enchaînée ; le bruyant babil de la pie m'a fait prendre en horreur les propos vides et frivoles.

Je vois qu'on fuit avec épouvante le serpent au dard empoisonné, je me dis : Gardons-nous de la calomnie dont les venins sont plus meurtriers encore

Le philosophe reprit : Berger, ta renommée n'est point menteuse. Sans consumer ta vie dans de longues veilles, sans quitter la douce patrie, sans perdre de vue le toit de tes pères, tu as acquis une vraie sagesse.

La nature est prodigue d'utiles enseignements ; mais heureux, ô vieillard, heureux est celui qui sait en profiter comme toi !

Merci de ta jolie histoire, ma bonne Elvire ; je tâcherai d'être sage à la façon du vieux berger ; et, puisque l'abeille industrieuse est la première qu'il se propose pour exemple, je m'en vais comme elle accomplir avec exactitude ma *tâche journalière*. Ce ne sera pas sans peine ; tu me dis, et je dois reconnaître, que je suis un peu paresseuse ; mais je veux la vaincre cette paresse.

Voilà une bien louable résolution, ma jeune amie, dit en embrassant Valérie le maître de la maison, vieillard classique, et qui usait volontiers dans la conversation du style de l'églogue : voilà une louable résolution ; ne l'oubliez jamais. Sucez les fleurs d'une bonne et sage instruction, comme l'abeille celles de nos jardins, vous amasserez un trésor mille fois préférable à celui qu'elle recueille, un trésor de connaissances, de vertus et de talents aimables qui charmeront votre vie et celle des personnes qui vous entoureront. Mais voulez-vous qu'on goûte les charmes de votre esprit cultivé ? gardez-vous de chercher à briller ; rappelez-vous bien que

L'esprit qu'on veut avoir gâte celui qu'on a.

Une jeune personne montre la supériorité de son jugement et l'excellence de l'éducation qu'elle a reçue par la défiance qu'elle a d'elle-même. La modestie ajoute à l'éclat des talents je ne sais quoi d'attendrissant qui charme et qui captive.

Dans la nature, les objets les plus gracieux semblent chercher l'obscurité. Nous aimons cette violette qui, cachée dans le gazon, ne révèle sa présence que par son doux parfum ; nous aimons ce musicien des bois, ce rossignol qui n'exhale que dans l'ombre de la nuit et dans la profondeur de la forêt ses chants mélodieux : ces chants nous semblent une harmonie mystérieuse, une voix de la solitude.

VALÉRIE.

Il est vrai que le rossignol ne chante qu'au fond des bois, comme s'il avait peur de notre admiration et qu'il ne voulût charmer que messieurs les loups. Parlez-moi des petits serins : ils nous amusent, ils chantent pour nous.

ELVIRE.

Oui ; ils sont, comme on l'a dit, les musiciens des salons.

VALÉRIE.

Ils apprennent aussi les airs qu'on veut leur enseigner, tandis que le rossignol ne fait entendre que son ramage naturel.

ELVIRE.

Mais aussi combien il est beau ce ramage ! Que de flexibilité dans ce gosier ! quelle expression dans ces accents ! Oui, quoiqu'il n'ait ni la force ni l'éclat de la beauté, le mélodieux rossignol me semble le roi des habitants de l'air.

VALÉRIE.

Comment, tu voudrais détrôner l'aigle ?

M. DE MONTROL.

Valérie a raison. Nous accorderons comme vous, Elvire, notre admiration à l'Orphée des bocages ; mais l'aigle, fort, intrépide, magnanime, doit rester sur le trône où l'ont dès longtemps placé les poètes et les naturalistes : il demeure roi des peuples de l'air comme le lion est celui des animaux de la terre. Ecoutez, ajouta M. de Montrol en ouvrant un livre placé près de lui, ce que Buffon nous dit de ces deux puissances :

« L'aigle a plusieurs ressemblances physiques avec
» le lion : la force, et par conséquent l'empire sur les
› autres oiseaux, comme le lion sur les quadrupèdes :
» la magnanimité ; ils dédaignent l'un et l'autre les
» petits animaux, et méprisent leurs insultes ; ce n'est
» qu'après avoir été longtemps provoqué par les cris
» importuns de la corneille et de la pie que l'aigle se
» détermine à les punir de mort ; d'ailleurs il ne veut
» d'autre bien que celui qu'il conquiert, d'autre proie
» que celle qu'il prend lui-même : la tempérance ; il
» ne mange presque jamais son gibier en entier, et il
› laisse, comme le lion, les débris et les restes aux
» autres animaux ; quelque affamé qu'il soit, il ne se
» jette jamais sur les cadavres. Il est encore solitaire
» comme le lion, habitant d'un désert dont il défend
» l'entrée et l'usage de la chasse à tous les autres oi-
» seaux ; car il est peut-être plus rare de voir deux
» paires d'aigles dans la même portion de montagne

» que deux familles de lions dans la même partie de
» forêt. Ils se tiennent assez loin les uns des autres
» pour que l'espace qu'ils se sont départi leur fournisse
» une ample subsistance ; ils ne comptent la valeur et
» l'étendue de leurs royaumes que par les produits de
» la chasse. »

VALÉRIE.

Je croyais que le lion était bien méchant, comme
le tigre.

M. DE MONTROL.

Tous ceux qui ont étudié ces redoutables animaux
assurent que leurs caractères sont bien différents. Le
tigre, cruel par instinct, se plaît à déchirer sa proie ;
il l'attaque sans faim ; il la torture sans pitié. Rien
ne peut dompter son humeur féroce ; il est perfide.

Le lion, au contraire, est susceptible d'attachement, de reconnaissance et de générosité, témoin le
lion de Florence.

VALÉRIE.

Bon, voilà une histoire pour moi.

M. DE MONTROL.

Prie ta cousine de te la raconter.

VALÉRIE.

Aurais-tu cette bonté, Elvire ?

ELVIRE.

Je le veux bien, puisque tu as été sage.

Un lion, échappé d'une ménagerie, saisit un jeune
enfant et allait le dévorer. La mère de ce petit malheureux, éperdue, hors d'elle-même, se jette aux pieds
de ce terrible animal. Aux cris de cette mère déses-

pérée, à ses larmes, aux supplications que dans son égarement elle lui adresse, le lion semble oublier et sa faim et sa fureur : il regarde cette femme, il paraît l'écouter, la comprendre ; enfin, comme s'il était touché de sa peine, il lui rend l'enfant qu'elle redemande et à qui il n'a pas fait le moindre mal.

VALÉRIE.

Pauvre petit ! Qu'il dut être content de se revoir dans les bras de sa maman ! Quelle peur il avait dû avoir, bon Dieu ! Mais le lion avait donc compris ce qu'elle disait, cette maman ?

ELVIRE.

Peut-être : le désespoir a des accents si expressifs, une éloquence si naturelle ; l'amour maternel aussi et tous les mouvements impétueux de l'âme ont quelque chose de si instinctif, que je croirais volontiers que les mots qui les expriment sont intelligibles pour une créature douée d'un instinct aussi supérieur que celui du lion.

Le trait que je viens de te rapporter n'est pas plus incroyable que beaucoup d'autres dont on ne peut pas mettre en doute l'authenticité. On a vu des cénobites faire leur compagnie des animaux les plus féroces, se les attacher, et s'en faire obéir.

Nos animaux domestiques apprennent tous la signification de quelques mots de la langue humaine ; ils obéissent à nos ordres verbaux ; ils semblent flattés de nos éloges ; nos reproches les rendent tristes et confus. Le chien qui reconnaît l'assassin de son maître, et celui qui s'obstine à mourir sur le tombeau sanglant de sa royale maîtresse, montrent l'un autant d'intelligence, l'autre encore plus de sensibilité que notre magnanime lion.

Comment ne pas admirer l'instinct de quelques animaux qui vivent dans nos cours ou dans l'intérieur de notre maison ?

Les uns, sentinelles vigilantes, font la sûreté de nos demeures ; les autres partagent nos travaux. Le bœuf sillonne le champ qui nous nourrit ; la douce brebis nous livre son lait et sa toison ; le coq matinal sonne notre réveil : c'est la trompette du hameau. Parlerai-je du chat, souple et gracieux ? Il est, dit-on, perfide. Cependant il est susceptible d'éducation et d'attachement ; j'en pourrais citer des exemples. J'ai vu un chat appartenant à une pauvre femme qui l'aimait et le caressait beaucoup, refuser toute espèce de nourriture et donner des marques de la plus vive douleur en voyant sa maîtresse malade.

Nous avons déjà parlé du chien ; il suffit de le nommer pour rappeler ce qu'a de plus touchant l'attachement le plus désintéressé. Le cheval, presque autant que lui fidèle, et, de plus, brillant, fier, belliqueux, a été chanté mille fois. Les poètes et les peintres ont épuisé leurs couleurs à nous retracer dans toutes les attitudes ce noble et vaillant compagnon de l'homme. Le bruit des armes l'électrise, le son de la trompette lui donne des ailes. Le cheval a le courage militaire ; mais le chien, à qui je reviens toujours avec charme, le chien a le courage du dévouement. Le coursier combat pour la gloire, le chien lutte jusqu'à la mort pour défendre son maître : l'un est guerrier, l'autre est ami.

Je pourrais vanter la patience de l'âne, ce serviteur si utile et si méconnu, mais que Buffon et Delille ont bien vengé de nos mépris.

Le chameau, sobre, infatigable, est appelé le navire du désert, la providence des caravanes. Mais de tous les quadrupèdes, le plus remarquable, sans aucune comparaison, c'est l'éléphant. Sa prodigieuse grandeur, sa force, le rendraient un objet d'effroi, s'il n'était aussi généreux que redoutable. La nature l'a doté d'un organe qui lui rend les mêmes services que nous rendent nos mains.

VALÉRIE.

Oui, sa trompe : que cela me paraît drôle ! C'est comme un grand serpent qui lui pend au bout du nez.

ELVIRE.

Cette trompe se termine par deux doigts avec lesquels l'éléphant peut saisir les objets les plus menus.

VALÉRIE.

Celui que tu m'as fait voir s'en servit pour déboucher fort adroitement une bouteille de vin, qu'il but, nous dit son gardien, à la santé de la compagnie.

ELVIRE.

Les peuples de l'Inde avaient divinisé l'éléphant. Cet animal surpasse le lion en magnanimité ; il égale le chien en intelligence.

Le kanguroo est le plus grand animal de la Nouvelle-Hollande. Il se tient sur les pieds de derrière et sur sa queue, qui est très grosse et très vigoureuse.

7..

De cette manière, il s'élance à de très grandes distances; mais ses extrémités antérieures sont petites et faibles. Quoiqu'il ait quelquefois cinq ou six pieds de haut, ses petits naissent longs tout au plus d'un pouce, et à peine formés. La mère les retire dans une poche qu'elle a sous le ventre, comme les sarigues ; ils y reviennent au moindre danger, même fort longtemps après que leur mère a cessé de les allaiter. Cette circonstance a fourni à un poète aimable le sujet d'une de ses plus jolies fables.

VALÉRIE.

Tu me l'as fait apprendre : c'est *la Sarigue et ses petits*.

ELVIRE.

Je ne sais si je t'ai jamais parlé des castors.

VALÉRIE.

Oui, tu m'as dit qu'ils se bâtissaient de jolies cabanes. Comment les font-ils ?

ELVIRE.

La nature leur a donné une queue large et aplatie qui les sert très bien dans leurs travaux de construction.

Voici ce que dit le savant anglais Hearne de ces petits architectes.

« Ils choisissent pour bâtir des eaux assez profondes pour qu'elles ne se gèlent point jusqu'au fond : tantôt de petites rivières ou des ruisseaux. En général, ils préfèrent les eaux courantes. Ils établissent en travers une digue faite de bois et de branchages mêlés de pierres et de limon ; ils donnent à cette digue une courbure convexe du côté du courant, quand il est rapide. Cette digue, réparée fréquemment et avec soin, acquiert au bout de quelques années une grande solidité ; les branches y germent et souvent forment une haie où de petits oiseaux placent leurs nids.

Les huttes sont de différentes grandeurs : chacune d'elles est en proportion avec le nombre d'individus qu'elle doit abriter. Quelquefois les castors divisent leurs maisons en plusieurs appartements : la porte d'entrée de ce curieux édifice est placée sous l'eau.

Les castors traînent leurs provisions sous l'eau pour les introduire dans leurs maisons, et les portent ordinairement dans la partie supérieure de ce petit palais. Chaque année ils en recouvrent le toit d'une nouvelle couche de limon, et ils ont la précaution vraiment surprenante de faire cette réparation aux approches de la gelée, afin que leur ouvrage se consolide mieux.

Au printemps ils quittent leurs demeures : la peuplade se disperse pour l'été.

Au commencement de l'hiver, elle ne se réunit pas toujours dans le même lieu. Ils abandonnent leurs petites cités quand ils trouvent à s'établir ailleurs plus commodément. Bien qu'ils ne bâtissent que vers le commencement de l'hiver, ils ont la prévoyance d'abattre le bois et de réunir les matériaux nécessaires à leurs constructions dès le milieu de l'été.

Ils ont le soin de creuser toujours le long du rivage de grands terriers pour se réfugier en cas d'attaque. »

VALÉRIE.

Pourrais-tu me faire voir des castors ?

ELVIRE.

Il n'y en a pas dans ce pays-ci ; on les trouve principalement en Amérique. Mais il y a partout des objets
intéressants à observer.

On voit sur nos montagnes les vaches se rendre
deux fois par jour à l'appel du berger pour se faire
traire. Chacune est nommée à son tour et arrive lorsqu'elle entend prononcer son nom. Jamais il n'y a la
moindre confusion.

VALÉRIE.

Comme les soldats répondaient l'un après l'autre
quand on faisait l'appel, tu sais, à la ville.

ELVIRE.

« Ces animaux, qui, dans leurs étables et dans les
» pâturages mêmes des villages, sont si patients et si
» doux, et que les plus grands efforts ont de la peine
» à mettre dans une certaine activité, montrent à la
» montagne un air courageux, un aspect fier et sau-
» vage. Si un loup paraît dans le pacage, ils s'entre-
» avertissent aussitôt par un cri connu. Ils accourer t
» de tous côtés vers l'endroit d'où est parti le signal
» d'alarme ; ils se rangent en cercle autour de l'e 1-
» nemi, et s'il a eu l'imprudence de se laisser
» envelopper, il est bientôt percé de cent coups de
» cornes.

» Un voyageur, assez mal avisé pour traverser les
» montagnes avec un chien qui par sa couleur ou par
» sa forme aurait quelque ressemblance avec le loup,
» courrait les plus grands dangers pour sa vie. Le

» chien serait poursuivi dans l'instant par des milliers
» de vaches ; et comme son instinct le porterait, ainsi
» qu'on l'a vu plusieurs fois, à se diriger sous le ven-
» tre du cheval de son maître, le maître, le cheval et
» le chien seraient bientôt écrasés ou éventrés avec
» une fureur dont on n'a point d'idée, et que tous les
» bergers ensemble ne retiendraient pas.

» Trois jeunes gens de ma connaissance, passant
» un jour auprès d'une vacherie, voulurent, pour s'a-
» muser, contrefaire le beuglement d'un veau qu'on
» emmène. Aussitôt toutes les vaches se levèrent en
» poussant des cris effroyables. On vit les claies du
» parc renversées ou emportées au bout des cornes,
» les vaches courir la queue en l'air vers les jeunes
» imprudents, qui n'eurent rien de plus pressé que
» de grimper sur quelques arbres qu'ils trouvèrent
» heureusement pour eux le long de leur chemin. »

En causant ainsi, Valérie portait souvent ses regards
sur une volière où de petits serins chantaient et s'ébat-
taient joyeusement.

— Les charmants petits, s'écria l'enfant : rien de si
joli que les oiseaux !

ELVIRE.

Ceux de nos climats sont en général modestement
vêtus. Mais, en leur refusant l'éclat des couleurs, la
nature leur a donné l'élégance des formes, la grâce
des mouvements, et beaucoup d'entre eux ont un
chant agréable. La linotte, la fauvette, ont des accents
vifs, gais et doux comme le babil de l'enfance. Le
bouvreuil et le gentil chardonneret unissent à un
joli ramage une parure un peu plus brillante.

Le rossignol enchante les forêts de ses accords ravissants.

Je ne te parle pas aujourd'hui des oiseaux brillants de l'Amérique. J'aurai bientôt occasion de t'en faire voir de superbes.

VALÉRIE.

Est-il vrai que le serpent a la puissance d'attirer les petits oiseaux comme par enchantement, et de les forcer à descendre dans sa gueule?

ELVIRE.

Oui, on l'a mille fois observé. Le serpent, *la plus subtile des bêtes des champs,* semble avoir une puissance mystérieuse et fatale.

« Objet d'horreur ou d'admiration, les hommes ont
» pour lui une haine implacable ou tombent devant
» son génie. Aux enfers, il arme le fouet des Furies :
» au ciel, l'éternité en fait son symbole. L'envie le
» porte dans son cœur, et l'éloquence à son caducée.
» Il possède encore l'art de séduire l'innocence ; il en-
» chante les oiseaux dans les airs, et, sous la fougère
» ou près de la crèche, la brebis lui abandonne son
» lait. »

Les animaux qui peuplent la terre sont innombrables et infiniment variés de forme, de grandeur, de mœurs et de caractère.

La mer, dans ses gouffres sans fond, voit s'agiter aussi des milliers de nations diverses. La baleine pèse sur les flots comme une île mouvante ; le vorace requin suit les vaisseaux, prêt à engloutir ce que voudra lui jeter la tempête. A côté de ces monstres immenses nagent des êtres presque imperceptibles. Les uns s'allongent sur les eaux comme des fils déliés, d'autres végètent dans leurs écailles, sur les écueils, et d'autres rampent dans la vase fangeuse.

Dans les airs, sur la terre, même variété, même richesse, même immensité. Le grand condor sa balance sur des ailes pareilles aux voiles d'un navire. L'éléphant porte des tours et des maisons, la girafe s'élève à la hauteur du palmier, dont on elle broute le feuillage, tandis que des verres merveilleux nous font découvrir dans une goutte d'eau des centaines d'êtres animés.

Dieu fait éclater sa puissance dans toutes les parties de ce vaste univers. On ne peut assez l'admirer, quand on voit la même providence tracer leur route invariable à des mondes errant dans l'espace, et veiller à la conservation d'un ciron !

Un philosophe anglais dit que l'homme qui cherche Dieu de bonne foi le trouve partout ; que, dans chaque objet de la création, dans chaque objet vivant, dans chaque minéral, dans chaque plante, il voit la divinité se manifester et resplendir, comme Moïse la vit jadis éclater dans le buisson ardent.

NEUVIÈME ENTRETIEN.

L'homme, sa destinée présente et future.

INEXORABLE temps! rien ne peut-il donc résister à ton pouvoir destructeur? L'arc de triomphe s'écroule sous tes pas de géant. Renverser les hautes colonnes, arracher les fondements des temples, ne sont qu'un jeu de ton bras puissant. Les arts livrent leurs monuments à ta main insatiable. Ton regard corrode et détruit les merveilleux ouvrages de l'homme. Que dis-je? N'oses-tu pas, rival audacieux du Créateur lui-même, attaquer les chefs-d'œuvre de la création, déplacer les immenses mers, déraciner les monts aux orgueilleuses cimes? Et cependant l'homme peut dire qu'il te brave et qu'il triomphe de toi. Les jours que tu nous mesu-

res, ces jours nébuleux, courts et tristes, que ta main
avare nous dispense, seront remplacés par le grand
jour de l'Eternité, jour sans matin et sans crépuscule,
sans voile, sans bornes, sans fin !

Heureux celui qui, libre des soins vulgaires, maître
de ses occupations et de lui-même, peut employer tous
les instants d'une vie périssable à orner une âme immortelle ! Heureux celui qui souvent s'élance loin de
son étroite prison, de son enveloppe d'argile, et s'eni-
vre d'avance de sa future immortalité ! Heureux celui
qui, admirant ce sublime univers, ce monde prodigieux
éclos d'une pensée divine, s'élève jusqu'à la grande et
première cause ! Partout il reconnaîtra l'empreinte
d'une main toute-puissante, partout il verra éclater la
sagesse et la bonté divines, partout, mais surtout en
lui-même.

Quelle étude pourrait offrir un plus vif et plus noble
intérêt que celle de l'homme ! Quoi de plus important
à connaître que notre nature, nos devoirs, nos destinées ! Nous voyons avec admiration le bouton de rose
percer sa légère enveloppe et s'ouvrir au soleil et à
la rosée ; l'oiseau essayer ses ailes incertaines ; l'insecte s'échapper de sa prison, image de la mort, pour
jouir d'une vie nouvelle et plus animée. Nous trouvons
un juste sujet de bénir le Créateur dans chacun des
êtres qui sort de ses mains. Mais combien plus écla-
tontes et plus sublimes sa puissance et sa bonté res-
plendissent dans l'homme ! Par son corps l'homme
touche à la terre ; par son âme il touche au ciel. Il est
l'anneau vivant et merveilleux qui unit le temps à l'é-
ternité. Il fut la dernière pensée et la plus parfaite des

œuvres de Dieu. Voyez cet être privilégié ! Que sa démarche est noble ! Que ses traits sont admirables ! Qu'elles étaient belles et sublimes les premières créatures humaines sorties des mains du Seigneur ! Qu'elles étaient belles et sublimes, lorsque, parées de leur innocence, *revêtues*, selon l'expression de Milton, *de leur majestueuse nudité*, elles marchaient, aux premiers jours du monde, sous les berceaux sacrés d'Eden, au milieu de leurs sujets ravis et respecteux ! Contemplez ces rois de l'univers ! Seuls entre tous les êtres, ils lèvent vers le ciel leur front brillant d'intelligence, leurs regards pleins de reconnaissance et d'amour ; seuls ils adorent le Dieu qui les a faits ; seuls ils peuvent comprendre et admirer ses œuvres ; seuls ils volent jusqu'à lui sur l'aile de feu de la prière. A eux seuls le Verbe se révéla dès le commencement, et le Créateur leur donna un langage qui sert à la fois d'aliment et d'expression à la pensée intelligente, qui en rend les formes les plus déliées, les nuances les plus fugitives. Faculté divine qui seule met un monde de distance entre l'homme et la brute !

Les animaux sans doute ne sont pas entièrement dépourvus du pouvoir d'exprimer quelques-unes de leurs sensations. La joie, la tendresse, l'amour maternel, se reconnaissent dans les chants si doux et si variés des oiseaux, dans les vagissements ou les cris de la plupart des quadrupèdes. La douleur, la crainte, la faim, arrachent à presque tous les animaux des accents plaintifs ou effrayants.

La poule qui partage un ver à ses enfants
N'a pas le même cri que la poule éperdue
Dont l'horrible faucon vient de frapper la vue (1).

D'autres animaux apprennent à reconnaître le nom qu'un maître leur a imposé, à obéir aux ordres qu'on leur donne. Mais l'homme exprime avec des mots un nombre indéfini d'idées. L'homme a fait de la parole une arme plus puissante que le glaive, et après avoir tout subjugué par elle, il l'a elle-même divinisée. L'éloquence et la poésie ont eu des temples. Il n'y a point d'impiété sans doute à dire que c'est la moins insensée des idolâtries. Oui, s'il était permis de rendre un culte d'adoration à autre chose qu'à Dieu, ce serait à ce qui établit l'empire de la pensée et fait dominer l'intelligence sur la force matérielle. Qu'il est puissant celui qui peut manier ce sceptre magique ! Voyez-le maîtriser par ses accents les nations attentives, commander le sentiment, appeler sur les joues de sympathiques larmes. Poète, je t'écoute, et mon âme n'est plus à moi : elle est à toi, qui peux à ton gré l'inonder d'amertume et de délices ; à toi qui lui inspires, quand il te plaît, un courage inébranlable, et qui, quand il te plaît, la fais frissonner de terreur ; à toi, qui la remplis tour à tour de joie, de pitié, d'enthousiasme ; à toi enfin qui révèles mon âme à elle-même ; car

J'ai vu l'aigle à l'aile puissante ;
Je l'ai vu dans sa gloire ; et, pâle de bonheur,
J'ai senti s'éveiller la lyre frémissante
Qui dormait dans mon cœur.

(1) Delille.

Un luth, écho divin des harpes séraphiques,
M'a révélé les cieux,
Et mon âme, rompant ces chaînes léthargiques,
Plane en un monde harmonieux.

Mais dans mon sein frémit ma pensée imparfaite,
Sur mes lèvres les chants meurent inachevés.
Les temps, les temps encor ne sont pas arrivés.

Mais l'avenir me luit : les chants du grand poète
Sont les flots du Cédron au bruit inspirateur,
L'Ange qui dans les cœurs souffle la poésie,
L'ardent charbon dont le Seigneur
Ouvrit les lèvres d'Isaïe.

L'homme, avec le don de la parole, reçut celui du sourire et celui des larmes, qui sont à l'éloquence ce que le coloris est à la peinture, ce que la physionomie est à la beauté. Le sourire communicatif exprime la bienveillance et la fait naître chez les autres : il porte un sentiment de joie au fond du cœur, qui ignore pourquoi il est joyeux. Sur les lèvres de l'enfance, il est la plus douce expression de l'innocence et de la candeur. La première pensée de l'homme se réfléchit dans le sourire de ce nouveau-né qui fait tressaillir d'allégresse les entrailles maternelles. Sur la bouche du vieillard, le sourire est touchant ; il peint la bienveillance ; il est pour la jeunesse un encouragement et une récompense. Mais combien plus persuasive encore est l'éloquence des larmes! Les larmes ne sont point ce que pense un vulgaire superficiel, qui les regarde uniquement comme un signe de douleur : elles font la force du faible et la puissance de la prière. Elles expriment, mieux qu'aucune parole, l'amour, la pitié, l'enthousiasme, et tous les sentiments généreux.

Les larmes sont la seule langue que l'homme parle en naissant. Les pleurs de l'enfance n'ont rien d'amer. Ne les reprenez point avec sévérité ; séchez-les par une caresse. Comme un riant soleil d'avril se montre après une légère ondée, vous verrez la folâtre gaîté reparaître sur ce visage enfantin. Un ami de cet âge intéressant chantait sur le berceau d'un nouveau-né :

> Si quelquefois ton cœur soupire,
> Tu n'as pas de longues douleurs,
> Et l'on voit ta bouche sourire
> A l'instant où coulent tes pleurs (1).

Les bons chevaliers de France combattaient jadis pour conquérir un sourire de leur belle. Des guerriers bien moins généreux, les cruels vainqueurs d'Ilion, se laissèrent quelquefois désarmer par des pleurs. L'inexorable Achille lui-même fut vaincu par les larmes de Priam. Et sans recourir à ces merveilleuses fictions du père de la poésie, sans vous montrer non plus l'Homère des nébuleuses régions du nord, l'antique barde Morven pleurant sur le Mont-Solitaire le trépas d'Oscar et de Malvina, combien de pages éloquentes, combien de chants mélodieux nous devons à cette disposition du cœur de l'homme! La lyre de Malherbe s'humecta des larmes de saint Pierre, et trouva dans un idiome encore barbare une harmonie jusqu'alors inconnue. La muse de Racine a pleuré sur Sion, et celle de Corneille a recueilli les larmes de Chimène. Il n'est presque point de grand poète qui n'ait trouvé des larmes au fond de son cœur,

(1) Berquin.

et qui n'ait le secret d'en faire répandre. Quelques-uns ont regardé cette sensibilité qui fait pleurer comme la partie la plus rare et la plus essentielle du génie. Ecoutez le chantre d'Atala et de Cymodocée : « Muse » céleste, qui inspirâtes le poète de Sorrente et l'a-» veugle d'Albion..... Enseignez-moi sur la harpe de » David les sons que je dois faire entendre ; donnez » surtout à mes yeux quelques-unes de ces larmes › que Jérémie versa sur les malheurs de Sion. »

Il connaissait aussi toute la puissance des larmes cet Harold qui fit retentir de ses soupirs harmonieux les ruines fumantes de la Grèce et les vieux temples de Rome, les îles des Pirates et les plaines du vaste Océan, les noirs cachots de Chiron et les champs funèbres de Waterloo. Si le luth du noble exilé nous pénètre et nous enchante, c'est surtout lorsqu'il est

Amolli par ses pleurs (1).

Un poète que Byron nomme l'Anacréon britannique, un poète dont les vallons enchantés de Cachemire, et les chants aussi suaves que les parfums des roses d'E-den, a senti cependant le pouvoir des larmes. Qui ne connaît ce charmant apologue dans lequel il nous pré-sente un esprit céleste qui cherche, pour l'offrir à Allah, ce que l'univers renferme de plus précieux? Il parcourt les cités, les déserts, et plonge sous les profondeurs de l'Océan. Ces riches abîmes lui offrent des rubis et des escarboucles; mais les marchepieds du trône d'Allah en sont couverts : aux yeux d'Allah

____

(1) Lamartine.

ces pierres brillantes sont comme la poussière du désert.

La Péri arrive dans une cité dévastée par la peste. Tout a succombé. Deux êtres seuls respirent encore. L'un d'eux est déjà atteint de cruel fléau : c'est un jeune homme. Une femme, un ange veille à ses côtés ; elle lui prodigue les soins les plus touchants et ne peut l'arracher au trépas. Il expire. Que fera sa jeune épouse ? Abandonnera-t-elle ses dépouilles chéries ? Non, elle les presse sur son cœur, et son dernier soupir s'exhale. Il doit être précieux aux yeux d'Allah, ce soupir. La Péri le recueille. Elle l'apporte au pied du trône où l'Eternel réside au-dessus des nuées. Mais quelque pure que soit cette offrande, il en est une, lui dit-on, de plus digne d'Allah.

Le céleste génie s'élance de nouveau d'une aile infatigable : il fait jusqu'à trois fois le tour de notre globe. Au milieu de beaucoup de crimes, il vit briller quelques vertus ; mais rien de ce qui frappa ses regards ne lui parut valoir sa première offrande.

La Péri remontait les mains vides vers l'empirée. Tout-à-coup elle entend des cris prolongés. Elle voit sur un champ de bataille une poignée de héros accablés par des ennemis nombreux. Ils tombent tout percés de mille traits. Un seul respire encore. Il ne peut sauver son pays, mais il ne veut pas lui survivre. Immobile à sa place, il attend la mort. Il ne se croit quitte envers sa patrie que lorsqu'il sent le trépas fermer ses yeux et tout son sang s'échapper de son sein ouvert par le glaive. La Péri regarde ce guerrier avec admiration. La fille du ciel fléchit le genou devant les restes inanimés d'un mortel. Elle reçoit la dernière goutte du sang qui anima ce cœur généreux et remonte vers le firmament. Allah jette sur cette offrande un regard favorable. Mais il réclame un don plus rare encore et plus agréable à ses yeux. La Péri, désespérant de le trouver chez les mortels, parcourt tous ces innombrables soleils, ces mondes étincelants qui gravitent dans l'azur. Sa recherche est vaine. Elle descend sur notre globe. Elle voit un temple rustique d'où s'élèvent des chants. Là des vierges innocentes, des pontifes sacrés, tout une foule fervente offre des vœux à l'Eternel. Sous le portique du monument, un homme prie seul et caché à l'ombre d'un pilier. Les regards de la fille des cieux embrassent à la fois un grand nombre d'années. Elle lit sur les traits de cet homme que sa vie fut souillée de crimes. Mais une larme a coulé de ses yeux, et la Péri a tressailli de joie. Elle place cette larme sur son cœur. Les portes brillantes de l'empirée s'ébranlent et s'ouvrent devant elle. Allah préfère à la vertu même une larme du repentir.

L'homme, si borné dans l'étendue de la vie terrestre, est grand dans les œuvres de son génie. Il est immense par ses désirs, par ses espérances, par les élans de son âme, que rien ici-bas ne remplit, qui appelle et conçoit l'infini. Il laisse des traces de son passage sur cette terre qu'il traverse si rapidement : sa courte existence lui suffit pour élever à sa gloire des monuments presque éternels. J'en atteste Homère et les Sésostris, l'Iliade et les Pyramides ! A quoi donc fut-il destiné cet être si supérieur à toutes les créatu-

tures qui couvrent la terre, qui remplissent la mer,
qui peuplent les champs éthérés? A quoi fut-il destiné?
A l'immortalité, à un bonheur sans fin comme son
existence future ; à un savoir sans bornes comme ses
désirs ; à la possession de Dieu, source de toute vie, de
toute science, de tout bien.

Tel et à ces fins l'homme fut créé. Comment dé-
chut-il de cet état prospère? Pourquoi Dieu voulut-il
qu'en un jour fatal l'homme se dégradât et se perdît?
que la mort, hideux reptile, déchirât et empoisonnât
dans son germe cette noble plante qui fleurissait dans
Eden, à l'ombre de l'innocence, et devait couvrir un
jour de rejetons immortels comme elle une terre à jamais heureuse? Pourquoi? Ce sont là les secrets de la
sagesse divine. Baissons nos fronts humiliés... Mais
plutôt levons au ciel des yeux reconnaissants ; que nos
voix glorifient le Seigneur, que nos cœurs bondissent
d'allégresse : le jour de la Rédemption a lui !

Pendant quatre mille ans les poisons de l'ignorance
et la frénésie des passions avaient rempli le monde de
fléaux et de crimes. Dans ces profondes ténèbres, il
est vrai, quelques éclairs avaient brillé, mais rapides
comme ces feux vacillants qui, dans une nuit obscure
et orageuse, semblent ne luire que pour mieux éclairer
l'horreur de la tempête.

Les sages qui suivaient la loi de la nature, ces rois
pasteurs, ces saints patriarches, se transmirent l'un à
l'autre, avec le dépôt sacré des traditions, les vertus
primitives dont Dieu avait mis le germe dans le cœur
humain. Plus tard, un peuple élu par le Seigneur garda
sa loi, et si souvent il oublia le Dieu de ses pères, tou-

jours du moins il revint à lui. Chez des nations même livrées à l'idolâtrie, on vit des traits éclatants de vertu et de patriotisme. Quelques hommes apparurent doués d'une sagesse si merveilleuse, d'une âme si grande et si forte, qu'ils semblaient avoir deviné la morale évangélique. Qui pourrait nommer sans admiration Socrate ou Léonidas, Caton ou Régulus ? Qui peut parcourir sans enthousiasme la Grèce ou l'Italie ? Quel cœur ne s'enflamme en contemplant la puissance de Rome, les vertus de Sparte, les arts de l'Attique ? Mais à côté du plus sublime héroïsme, que de forfaits consacrés par une législation barbare ! Quelles cruelles superstitions ! que de fléaux à déplorer !

L'esclavage livre à des hommes d'autres hommes dont ils disposent comme d'une vile propriété. La vie de ces malheureux dépend d'un caprice de leurs maîtres : chez eux, une faute légère ou involontaire est souvent punie par la mort. Un infâme sybarite égorge un esclave qui a brisé par maladresse un vase précieux, et jette ce misérable en pâture à ses lamproies, pour rendre la chair de ces poissons plus délicate et leur goût plus savoureux ! Et les lois religieuses et civiles des Romains n'ont point de châtiments pour de si épouvantables actions ! Parlerai-je des jeux sanglants du cirque ? de ces affreux spectacles où un peuple, avide d'émotions terribles, voyait avec une joie de tigre des hommes périr pour son amusement ? Raconterai-je ces immenses exhibitions de carnage dont un Néron et un Caligula divertirent à leur couronnement les habitants de la ville éternelle ? Dirai-je les supplices réservés aux vestales soupçonnées d'avoir trahi leurs vœux? Faut-il peindre tous les vices divinisés, et vous montrer parmi les empereurs qu'on élevait au rang des dieux des êtres dégradés et indignes du nom d'homme? Non, jeunes enfants, je ne veux pas fixer vos regards sur d'aussi funestes images. Il suffit que vous sachiez que les lois et les idées de morale qui régissaient le monde avant la venue du Messie étaient imparfaites, erronnées, impuissantes à prévenir les plus grands crimes et les plus grands maux.

Soudain, au fond de la Judée, une voix surhumaine se fait entendre ! Ce qu'elle annonce est vraiment un Evangile, c'est-à-dire une bonne nouvelle. Elle dit à ceux qui ont faim et soif qu'ils seront rassasiés, à ceux qui sont pauvres et humiliés qu'un royaume immortel leur appartiendra. Elle appelle les petits enfants, les faibles, les esclaves, les infortunés : aussi tous les misérables accourent en foule à cette voix, et tous s'en retournent soulagés. La divinité de cette doctrine touche les cœurs. Au milieu des persécutions, des larmes, du sang de ses confesseurs, dans l'horreur des cachots humides et dans les ténèbres des catacombes, la religion du Christ croît, grandit, se propage, jusqu'à ce qu'enfin victorieuse et triomphante elle s'assied sur le trône avec Constantin.

En même temps qu'un législateur, nous trouvons dans le fils de Marie un rédempteur et un modèle. Pour remplir nos destinées, nous devons pratiquer les vertus qu'il pratiqua durant sa vie mortelle, nous devons suivre ses divins préceptes, afin que son sang versé pour nous n'ait pas été versé en vain. Nous serions bien coupables si, rendant inutile une si précieuse rançon, nous reprenions des fers qu'il est venu rompre ; si deux fois nous brisions la coupe d'immortalité que Dieu a deux fois mise en nos mains.

Elvire, préoccupée de ces graves pensées, cherchait des expressions qui pussent les mettre à la portée de la jeune intelligence de Valérie. Les deux cousines étaient assises devant une croisée que, malgré le froid piquant, on avait laissée ouverte, car ce jour-là était un 24 décembre, veille de la Noël, et l'on voulait voir les préparatifs qui déjà se faisaient pour célébrer le saint anniversaire de la nuit qui donna au monde un rédempteur. Il était dix heures du soir, et déjà les premières volées de la cloche avaient averti les paysans des confins les plus éloignés de la paroisse qu'il était temps de s'acheminer vers l'église. On voyait luire au loin les brandons et les branches enflammées qui éclairaient leur marche dans les ténèbres de la nuit et sur une route que rendaient dangereuse l'abondance des neiges et les inégalités du terrain. Un ciel bleu, pur et scintillant d'étoiles, s'étendait sur la campagne blanche et glacée comme une voûte de lapis-lazuli et de diamant sur un pavé de marbre ou d'albâtre. Une lune étincelante jetait sur la neige de reflets presque aussi vifs que le sont ceux du soleil dans les pâles contrées du Nord. Dans un coin du firmament, une comète déployait majestueusement et semblait secouer avec orgueil son ardente chevelure ; l'aspect de cet astre inaccoutumé ne rappelait aux bons villageois aucune pensée effrayante. Ils n'y voyaient pas un présage sinistre, mais plutôt une image de l'étoile miraculeuse qui guida les Mages vers la crèche de l'Enfant-

Dieu. Confiants, pieux, gais, et parés de leurs habits de fête, ils s'avançaient, ces hommes rustiques, vers la chapelle préparée pour la nocturne et touchante solennité ; ils s'avançaient en chantant des cantiques, en portant des offrandes simples comme eux. Un agneau, à la tête ornée de fleurs et de rubans, au corps sans défaut, à la toison sans tache, était couché entre les bras d'un jeune garçon qui marchait le front ceint d'un bandeau de lin, et la taille ornée d'une écharpe azurée. Deux jeunes filles, pures, belles, éclatantes comme la neige de ces hautes régions ou la rose embaumée des Alpes, portaient dans des corbeille d'osier des colombes, des tourterelles et des gâteaux d'un froment choisi.

Elvire voyait avec une émotion profonde cette foule recueillie, symboles attendrissants ! elle écoutait, les yeux humides de pleurs, ces chants tout empreints d'une naïve et sainte allégresse, ces vieux noëls de Bridaine, si touchants dans leur simplicité. Cette harmonie pieuse, ces emblèmes, ces flambeaux mobiles, cette brillante nuit, cet astre nouveau qui venait l'éclairer, les accents d'abord graves et lents, puis joyeux et précipités de l'airain sacré, surtout les hautes pensées que cet anniversaire rappelle, tout se réunissait pour plonger l'âme dans une divine extase.

La petite Valérie tira sa cousine de sa rêverie en lui disant : Voilà la cloche qui sonne ; vite, Elvire, il est près de minuit et temps d'aller à la messe.

Les deux amies, enveloppées dans de chaudes pelisses, se joignirent aux autres personnes de la maison qui les attendaient avec des flambeaux, et suivirent pour se rendre à l'église un chemin pratiqué sous la neige, qui brillait sur leurs têtes en voûte de cristal.

Le temple rustique était éclairé par des cierges de cire jaune et brute, et par de simples lampes d'airain.

Le sacrifice auguste fut célébré. Une foule recueillie et croyante adora, le front dans la poussière, le Dieu que la foi contemple sous un pain miraculeux, la victime qu'un incompréhensible amour fait descendre sur nos autels, le Dieu fort qui, pour racheter le monde, voulut naître d'une mère mortelle, et reposer, faible et nu, dans la crèche de Bethléem et sur l'arbre sanglant de Golgotha.

Les saints mystères étaient accomplis ; mais les cantiques d'allégresse retentissaient encore, prolongés par les échos d'une voûte sonore.

Soudain un silence religieux s'est établi. Le vieux pasteur est monté dans la chaire évangélique ; son aspect inspire un respect profond. Il est revêtu de ses habits sacerdotaux, et ses cheveux blancs forment sur son front une vénérable couronne. Il parle avec simplicité, mais avec onction, de la fête du jour ; puis il dit : « Mes frères, vous savez qu'un affreux incendie a consumé il y a deux jours le hameau de***, à six lieues d'ici. Vingt maisons sur vingt-deux ont été la proie des flammes ; vingt familles sont sans asile. Ces vingt familles forment près de cent personnes, hommes, femmes, enfants, vieillards. L'incendie a éclaté au milieu de la nuit, et les malheureux n'ont pu sauver que leur vie. Ils sont dans le dénûment le plus absolu.

Vainement ils se sont efforcés d'arrêter les progrès du feu, qu'un vent violent rendait plus terrible ; en quelques minutes il a tout dévoré. Les infortunés, après avoir vu les flammes consumer leurs demeures, ont cherché un abri dans les cavernes de la montagne. Quelques-uns, les plus vieux et les plus jeunes, les plus malades, ont été recueillis dans ma maison. Les autres ont reçu quelques habits, quelques aliments : mais que ces secours sont insuffisants! Mes frères, pour célébrer ce saint jour, allons les chercher tous ; amenons-les ici ; partageons-nous-les. Ce hameau a dix maisons : que dans chacune d'elles une de ces malheureuses familles soit reçue. Le presbytère peut contenir les dix autres. Allons, mes frères, prenons soin de nos pauvres voisins, afin que Jésus-Christ nous dise un jour à nous : *Venez, mes bien-aimés : j'ai eu faim, et vous m'avez nourri; j'ai eu soif, et vous m'avez désaltéré ; mes membres ont été exposés au froid, et vous m'avez couvert : venez, vous êtes mes bien-aimés et les bien-aimés de mon père.* Ayant dit ces paroles, le pasteur s'achemina vers la caverne de la montagne, et tout le monde le suivit. Douze heures après, les pauvres incendiés étaient autour de plusieurs tables dressées dans les diverses chambres du presbytère. Puis chacun d'eux trouva dans une des chaumières du village un lit et les soins que son état réclamait. Six mois après, le hameau était rebâti, grâce à de généreux secours.

Valérie avait vu avec un attendrissement qu'on devait attendre de la bonté de son cœur les souffrances et le désespoir des malheureuses victimes d'un si déplorable accident. Parmi elles se trouvaient trois petitites orphelines dont l'aînée n'avait que dix ans. Ces pauvres enfants avaient pour tout bien une chaumière que le feu avait consumée, pour unique protecteur leur grand-père, vieillard presque centenaire, qui, blessé par une poutre enflammée dans les horreurs de l'incendie, avait fini le jour suivant sa longue et laborieuse carrière. Le sort des trois malheureux enfants, que sa mort laissait sans aucun appui, toucha profondément le cœur de Valérie. Hélas ! dit-elle à son père, que vont devenir ces pauvres petites !...

— Leur sort est bien digne de pitié, en effet, répondit M. de Montrol ; je ne vois pour elles d'autre ressource que l'hôpital.

VALÉRIE.

Ah ! papa, cher papa, je vous en prie, mettez ces trois petites filles dans une école jusqu'à douze ans ; et puis, quand elles auront fait leur première communion, placez-les en apprentissage à la ville chez une bonne couturière, afin qu'elles puissent gagner leur vie.

M. DE MONTROL.

Hélas ! ma fille, que je voudrais pouvoir condescendre à tes vœux ! Mais ma fortune est modique, et...

VALÉRIE.

Papa, papa, vous m'achèterez quelques robes de moins. Eh mais !... vous dépensez aussi pour moi de l'argent en joujoux, en poupées ; qu'ai-je besoin de cela maintenant ? Je suis grande, j'ai près de huit ans, et j'ai appris à m'occuper de toute autre chose. Les fleurs du jardin, les arbres du coteau, le ruisseau du vallon, le petit oiseau qui chante dans le bocage, le caillou même qui roule sous mes pieds, le blé que je vois mûrir, tout cela m'intéresse à présent. Je trouve dans toutes ces choses des sujets d'étude et en même temps de distraction. Qu'ai-je besoin de joujoux ?

M. DE MONTROL.

Ma chère enfant, les petites économies que tu me proposes de faire seraient bien insuffisantes pour faire élever les trois jeunes orphelines dont tu plaides si bien la cause : mais n'importe ; à Dieu ne plaise que je rejette ta touchante prière ! moi aussi je m'imposerai quelque privation. Va dire à tes protégées que dès demain elles seront placées dans une pension, et que leur existence désormais est assurée.

Valérie se jeta dans les bras de son père, qui la pressa tendrement sur son cœur, et remercia Dieu de lui avoir donné une telle enfant.

Valérie goûta ce jour-là une joie ineffable, la joie qui accompagne une bonne action. Le lendemain, la sensible enfant éprouva un chagrin réel et profond. Dieu voulut qu'elle apprît bien jeune la résignation de même que la bienfaisance... Mais c'est à Elvire surtout qu'une épreuve cruelle était réservée. Quel déchirement de cœur elle ressentit en se séparant de sa compagne chérie, de l'enfant de ses plus tendres affections !

Maintenant le vaste Océan sépare les deux amies ; mais Elvire écrit souvent à sa Valérie. Elle lui parle de ce qu'elle voit sur les rives lointaines ; elle dessine, pour lui en donner une idée, les sites pittoresques qu'elle serait si heureuse de lui faire admirer, et prépare pour elle et pour vous aussi, jeunes lecteurs, l'*Album d'une voyageuse*.

FIN.

TABLE.

—

FIN DE TABLE.

LIMOGES ET ISLE.
Imprimeries de Louis et Eugène Ardant frères.

www.ingramcontent.com/pod-product-compliance
Lightning Source LLC
LaVergne TN
LVHW020655200726
843508LV00002B/778